本书获得国家自然科学基金（No.61802110）、河南省科技攻关项目（No.202102310195）、河南省高等学校重点科研项目（No.19A413005）资助

信息化网络平台研究丛书

基于NTRU格的数字签名体制的研究

谢　佳◎著

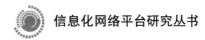

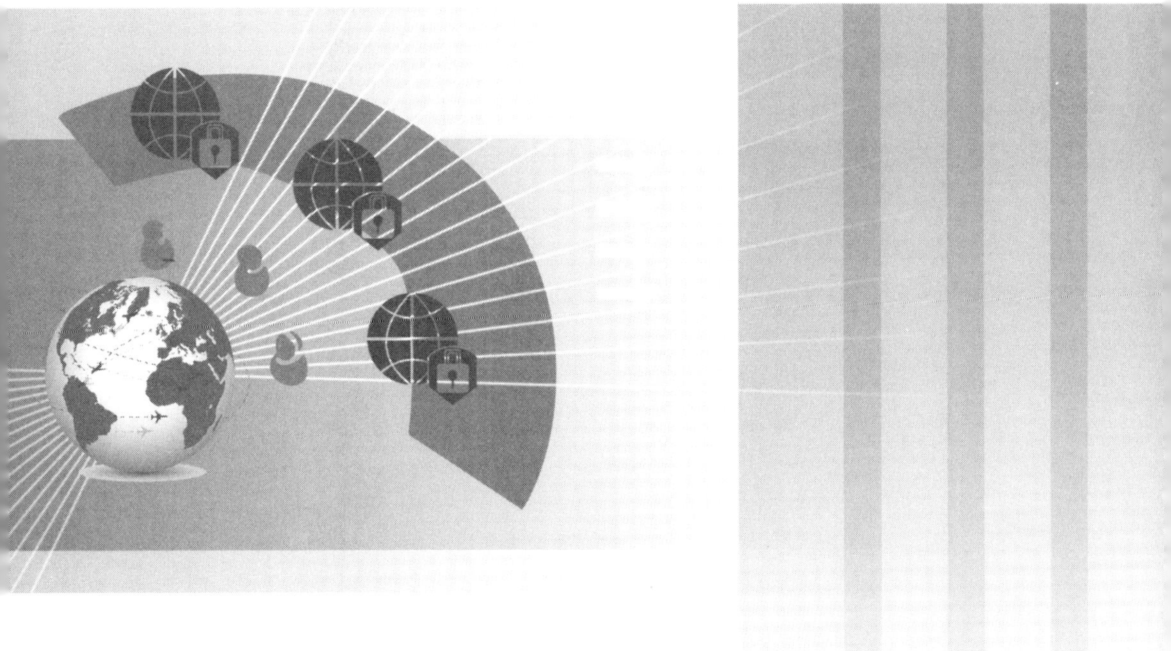

RESEARCH ON DIGITAL SIGNATURE SCHEMES OF NTRU LATTICE

经济管理出版社
ECONOMY & MANAGEMENT PUBLISHING HOUSE

图书在版编目（CIP）数据

基于 NTRU 格的数字签名体制的研究/谢佳著. —北京：经济管理出版社，2020.11

ISBN 978-7-5096-7574-8

Ⅰ. ①基…　Ⅱ. ①谢…　Ⅲ. ①电子签名技术—研究　Ⅳ. ①TN918.912

中国版本图书馆 CIP 数据核字（2020）第 170011 号

组稿编辑：杨　雪
责任编辑：杨　雪　王　硕
责任印制：黄章平
责任校对：王淑卿

出版发行：经济管理出版社
（北京市海淀区北蜂窝 8 号中雅大厦 A 座 11 层　100038）
网　　址：www. E-mp. com. cn
电　　话：（010）51915602
印　　刷：北京晨旭印刷厂
经　　销：新华书店
开　　本：710mm×1000mm/16
印　　张：10
字　　数：154 千字
版　　次：2020 年 12 月第 1 版　　2020 年 12 月第 1 次印刷
书　　号：ISBN 978-7-5096-7574-8
定　　价：55.00 元

前　言

数字签名方案是保证网络安全和通信安全的一种重要手段。随着电子商务和电子政务的迅猛发展，数字签名方案在保证网络安全、高效运作中的作用日益凸显出来。然而，量子计算机的出现以及网络终端（资源受限的设备）对轻量级别的要求，使得我们对数字签名的安全性和效率有了更高的要求。NTRU 格上的签名方案以抗量子性、计算简单高效以及存在最坏实例到平均实例的归约这三大性质成为量子计算环境下高效签名方案的首选。本书致力于丰富 NTRU 格上的数字签名方案的种类和提高签名的效率，并取得了以下研究成果：

（1）将抛弃采样技术和原像采样算法应用到 NTRU 格中，构造了 NTRU 格上的基于身份的签名方案。该方案相较于之前格上的基于身份的签名方案，需要更少的计算、通信开销，具有更高效率，更实用。为了更进一步地缩减通信开销，我们将 Abe 等提出的消息恢复技术引入 NTRU 格上的身份基签名方案中，提出了 NTRU 格上身份基消息恢复签名，该签名方案与上节签名方案相比，只需发送部分消息给签名验证者，从而节省了通信开销。

（2）基于环上的小整数解问题，我们实现了 NTRU 格上的环签名方案，该方案满足无条件匿名性和不可伪造性，且相较于之前格上的环签名方案，需要更少的计算和通信开销，具有更高效率，更实用。随后，我们将抛弃采样技术引入 NTRU 格中，构造了一个更高效的环签名方案，该方案的安全性同样可证。

（3）我们用原像采样算法实现签名私钥提取，用抛弃采样技术完成签名，从而构造了格上高效的基于属性的签名方案，该方案与现有 3 个格基属性签名方案相比，具有更小的公钥尺寸和签名尺寸。随后，我们将该方案拓展至 NTRU 格上，使公钥尺寸、私钥尺寸以及签名尺寸有较大幅度的缩减。最后，我们给出了一个签名长度与环成员人数无关的 NTRU 格上的属性基环签名方案。

（4）将抛弃采样技术应用到签名方案中，构造了 NTRU 格上无证书和基于证书的签名方案。方案的安全性依赖于环上的 SIS 问题。通过具体实例比较可知，NTRU 格上的无证书和基于证书的签名方案与现存的格基无证书和基于证书的签名方案相比，主私钥尺寸、部分私钥尺寸、私密值尺寸以及签名尺寸更小。

（5）将抛弃采样技术和原像采样算法应用到 NTRU 格中，构造了 NTRU 格上的代理签名和基于身份的代理签名方案，方案在随机预言机模型下是不可伪造的，即恶意的原始签名人不能伪造代理签名人的签名，未被授权的代理签名人也不能生成原始签名人签名。且相较于之前的格基代理签名方案，这两个新方案更高效。最后，在标准模型下构造了格上能多次使用的单向代理重签名和格上基于身份的单向代理重签名方案。

（6）将抛弃采样技术和聚合技术应用到 NTRU 格中，构造了 NTRU 格上无证书和基于证书的有序聚合签名方案，方案在随机预言机模型下是不可伪造的，即方案能够抵抗外部用户和内部密钥管理中心攻击。且相较于之前的无证书和基于证书的签名方案，这两个新方案更高效。

本书目前只是对 NTRU 格上的几类签名方案做了一些初步的学习和研究，与基于传统数论问题的数字签名方案相比，NTRU 格上的数字签名方案的效率仍然较低、种类仍很少，恐难满足实际生活中的各种应用需求。为了解决这些问题，我们具体从以下方面展开后续工作：

（1）探索 NTRU 格上构造签名方案的新技术。目前 NTRU 格上的数字签名方案主要是基于原像采样算法和抛弃采样算法这两种技术，探索 NTRU 格上是否存在新的技术能够用以构造高效的签名方案。

（2）继续完善 NTRU 格上签名方案的种类。本书对 NTRU 格上的身份基签名方案、环签名方案、属性基签名方案以及无证书和基于证书签名方案、无证书有序聚合签名方案以及代理签名方案做了初步研究，但还有很多密码原型没有实现。例如，NTRU 格上的盲签名方案、门限签名等。

（3）研究 NTRU 格上的加密方案。本书未对 NTRU 格上的加密方案做研究，接下来，我们将对 NTRU 格上的各类加密方案做进一步研究！

由于笔者水平有限，加之编写时间仓促，所以书中错误和不足之处在所难免，恳请广大读者批评指正。

目　录

第 1 章　绪论 …… 001

1.1　研究背景和意义 …… 001

1.2　国内外研究现状 …… 004

1.3　研究内容与成果 …… 007

1.4　章节安排 …… 009

第 2 章　基础知识 …… 011

2.1　符号和定义 …… 011

2.2　格 …… 013

2.2.1　格上的定义及基本性质 …… 013

2.2.2　格上常用技术 …… 017

2.2.3　格上的困难问题 …… 022

2.3　数字签名 …… 024

2.3.1　数字签名的定义 …… 024

2.3.2　数字签名的安全性模型 …… 025

2.4　小结 …… 026

第 3 章　NTRU 格上基于身份的签名方案 …… 027

3.1　身份基签名方案 …… 028

3.1.1　NTRU 格上基于身份的签名方案 …… 029

3.1.2　安全性分析 …… 031

3.1.3　效率分析 …… 032

3.2　身份基消息恢复签名 …… 034

3.2.1　身份基消息恢复签名的定义及安全性模型 …… 034

3.2.2 NTRU 格上身份基消息恢复签名 …… 036
3.2.3 安全性分析 …… 037
3.2.4 效率分析 …… 040
3.3 小结 …… 040

第 4 章 NTRU 格上的环签名方案 …… 041

4.1 环签名的定义及安全性模型 …… 042
4.2 NTRU 格上的环签名方案 …… 043
4.2.1 具体方案 …… 043
4.2.2 方案的安全性分析 …… 044
4.2.3 效率比较 …… 047
4.3 NTRU 格上高效的环签名方案 …… 048
4.3.1 具体方案 …… 048
4.3.2 方案的安全性分析 …… 049
4.3.3 效率比较 …… 052
4.4 小结 …… 053

第 5 章 格上的属性基签名方案 …… 054

5.1 属性基签名方案的定义及安全性模型 …… 055
5.2 随机预言机模型下格上的属性基签名方案 …… 056
5.2.1 具体方案 …… 056
5.2.2 方案满足的性质 …… 057
5.2.3 效率比较 …… 060
5.3 NTRU 格上的属性基签名方案 …… 060
5.3.1 方案构造 …… 060
5.3.2 方案满足的性质 …… 062
5.4 NTRU 格上的属性基环签名方案 …… 064
5.4.1 属性基环签名方案的定义及安全性模型 …… 065
5.4.2 NTRU 格上的属性基环签名方案 …… 066
5.4.3 方案满足的性质 …… 067
5.5 小结 …… 070

第 6 章 NTRU 格上的无证书以及基于证书的签名方案 …… 071

6.1 无证书签名方案 …… 072
6.1.1 无证书签名的定义 …… 072
6.1.2 无证书签名方案的安全性模型 …… 073
6.2 NTRU 格上的无证书签名方案 …… 075
6.2.1 方案描述 …… 075
6.2.2 安全性分析 …… 077
6.2.3 效率比较 …… 081
6.3 基于证书的签名方案 …… 083
6.3.1 基于证书的签名方案的定义 …… 083
6.3.2 基于证书的签名方案的安全性模型 …… 083
6.4 NTRU 格上基于证书的签名方案 …… 084
6.4.1 方案描述 …… 084
6.4.2 安全性分析 …… 086
6.5 小结 …… 086

第 7 章 NTRU 格上的代理签名方案 …… 087

7.1 代理签名的定义及安全性模型 …… 088
7.1.1 代理签名的定义 …… 088
7.1.2 代理签名的安全性模型 …… 088
7.2 NTRU 格上的代理签名方案 …… 089
7.2.1 方案构造 …… 089
7.2.2 方案满足的性质 …… 091
7.2.3 效率比较 …… 094
7.3 NTRU 格上的身份基代理签名方案 …… 096
7.3.1 方案构造 …… 096
7.3.2 方案满足的性质 …… 097
7.4 代理重签名的定义及安全性模型 …… 101
7.4.1 代理重签名的定义 …… 101
7.4.2 代理重签名的安全性模型 …… 102
7.5 格上能多次使用的单项代理重签名方案 …… 104

7.5.1 方案构造 …… 104
7.5.2 方案满足的性质 …… 105
7.5.3 效率比较 …… 112
7.6 格上能多次使用的基于身份的单项代理重签名方案 …… 112
7.6.1 方案构造 …… 112
7.6.2 方案满足的性质 …… 114
7.7 小结 …… 114

第 8 章 NTRU 格上的无证书和基于证书有序聚合签名方案 …… 115

8.1 无证书有序聚合签名的定义及安全性模型 …… 116
8.1.1 无证书有序聚合签名的定义 …… 116
8.1.2 无证书有序聚合签名的安全性模型 …… 117
8.2 NTRU 格上的无证书有序聚合签名方案 …… 120
8.2.1 方案描述 …… 120
8.2.2 安全性分析 …… 123
8.2.3 效率比较 …… 130
8.3 基于证书的有序聚合签名的定义及安全性模型 …… 130
8.3.1 基于证书的有序聚合签名方案的定义 …… 130
8.3.2 基于证书的有序聚合签名方案的安全性模型 …… 131
8.4 NTRU 格上基于证书的有序聚合签名方案 …… 132
8.4.1 方案描述 …… 132
8.4.2 安全性分析 …… 135
8.5 小结 …… 136

参考文献 …… 137

附录 1 符号对照表 …… 150

附录 2 缩略语对照表 …… 152

第1章　绪论

1.1　研究背景和意义

1976年，Diffie和Hellman在*New Directions in Cryptography*一文[1]中给公钥密码指明了一个新的方向——数字签名，用以作为传统手写签名的电子替代品。在数字签名系统中，每一个签名用户拥有一对公私钥对，其中公钥对外可以公开，私钥签名人自己保留。签名人利用自身持有的签名私钥对消息进行加密处理（即签名实则为私钥和消息的函数），而任何得到该签名者公钥的人均可验证此签名的有效性。数字签名可以实现可验证性、不可否认性以及保证数据完整性。可验证性是指：签名的接收者可以通过某一用户的公钥验证签名的正确性，从而判定签名是否来自于某个确定的发送者。完整性是指：签名人将签过名的数据发送给验证方，当且仅当数据未被篡改时签名方能通过验证方的验证。因而，这样就保证了数据的完整性。不可否认性是指：签名的接收者可以通过出示签名向第三方证明信息的来源，使得签名发送者不能抵赖。随着1978年第一个具体的数字签名实例——RSA签名方案[2]的提出，数字签名方案的研究便迈入了快速发展的新阶段。经过40余年的发展，数字签名俨然已发展成为密码学领域的一个重要分支，并已被广泛应用在各类安全软件中。

然而，随着电子投票、电子合同和电子现金等各种特殊应用场景的出现，基本的数字签名方案已经远远满足不了这些特殊应用场景的需求。因此，一些具有特殊性质的数字签名方案应运而生，也逐渐成为密码学的研究热点。常见的几类具有特殊性质的数字签名包括基于身份的签名、盲签名、群签名、环签名、无证书签名、基于证书的签名、代理签名以及聚合签名等。随着信息技术与通信技术的逐步融合，这些具有特殊性质的数字签名方案的经济价值正在电子商务和电子政务等领域中逐步显现出来。

不幸的是，1994 年，Shor 提出的量子算法[3] 使得包含大整数分解在内的经典数论问题在量子计算环境下不再困难，这就意味着目前存在的绝大多数签名方案（基于离散对数问题和大整数问题）在量子计算环境下不再安全。那么，量子计算机离我们的现实生活究竟还有多远？2001 年，IBM 公司率先研制成功了 7 量子比特的示例性量子计算机。随后，科学家在 15 个量子比特位的核磁共振量子计算机上成功利用 Shor 算法对整数 15 进行了因式分解。2007 年 2 月，加拿大 D-Wave 系统公司宣布研制成功 16 位量子比特的超导量子计算机。同年底，我国中国科技大学潘建伟教授和其同事杨涛、陆朝阳等首次利用光量子计算机完成了 Shor 算法的分解实验。次年，48 量子比特位和 128 量子比特位的量子计算机相继出现。2009 年 11 月 15 日，全球首台可编程通用量子计算机正式在美国诞生。2012 年 2 月，IBM 公司在美国物理社会年会上给出了与一个完整的量子计算系统非常接近的研究成果。同年 9 月，澳大利亚的一支研究团队实现了基于单个硅原子的量子位，这是可工作的量子位。2013 年 6 月，中国科技大学潘建伟教授团队首次成功实现了用量子计算机求解线性方程组的实验。2015 年 12 月，中国科技大学杜江峰教授的团队首次借助于金刚石中少量的氮气建成了在普通温室条件下可工作的量子计算机。并且，2016 年美国国家安全局授权 NIST 向全球征集后量子时代新密码标准的举动让我们有理由相信，量子计算机的发展已经进入一个相对成熟的阶段，后量子时代正在向我们走来。

因而，在研究量子计算环境下建立安全的密码体制已迫在眉睫。目前公认的量子计算环境下安全的公钥密码体制主要包含以下几类：

（1）基于 Hash 的密码体制。Markle 基于 Lamport 和 Diffie 的一次签名提出的哈希树签名方案[4]，因其只依赖于 Hash 函数安全性的安全保证成为基于 Hash 签名的典型代表。目前，量子计算环境下还不存在好的算法能攻击 Hash 函数。

（2）基于编码的公钥密码体制。最乐于称道的例子是 McEliece[5] 和 Niederreiter 公钥密码体制。但两者都只能实现加密，不能实现签名。

（3）多变量公钥密码体制。多变量公钥密码体制中最经典的例子是 Matsumoto 的加密和签名方案。众所周知，多变量公钥密码体制是基于非线性方程组求解问题的，因而可以抵抗量子计算机的攻击。

（4）格公钥密码体制。典型的例子是 NTRU 格上的签名和加密体制。格公钥密码体制的密码特性较好，且存在被证实为 NP 困难的问题。

在以上四种抗量子计算机攻击的密码算法研究中，基于高维格理论的密码体制在密码领域备受关注。美国国家标准与技术研究院（NIST）启动的后量子密码算法标准征集过程中，进入第二轮评估阶段的 64 个算法中，基于格理论的算法就有 26 个，这一现象更加验证了格公钥密码在后量子密码领域的地位。格公钥密码凭借以下三种优势在后量子密码领域占据着举足轻重的地位。

（1）格公钥密码被认为是抗量子攻击的。早在 2003 年，Ludwig[6] 就表明，格上的两类常用困难问题，即最短向量问题（SVP）和最近向量问题（CVP）在量子计算环境下仍然是困难的。并且，迄今为止，能够求解格上困难问题的量子算法并不比传统算法高效，或者说，求解格上困难问题的量子算法所能达到的尺寸并不比传统算法所能达到的尺寸小得多。这是目前大多数密码专家认为格公钥密码是抗量子攻击的关键所在。

（2）格公钥密码算法中涉及的计算简单、高效。格基密码中涉及的运算主要是线性运算：包括线性求和运算、矩阵和向量乘法运算以及模运算（参见文献［7］）。而传统数论问题（常指的是大数分解和离散对数）中所涉及的运算主要是大指数乘法运算。相比较而言，格公钥密码方案的渐进计算复杂度更低。

（3）格上任意随机实例的安全度相同。格公钥密码体制是目前唯一一个被证明具有这一特性的密码体制。Ajtai[8] 在 1996 年开创性地证明了格上困难问题在任意随机实例下的困难性与最坏实例下的困难性相当。因而，在设计密码方案时，我们不必刻意嵌入选定的困难实例到挑战游戏中，而是任意选取一个随机实例即可，这对于格公钥密码的使用和普及有着非凡的意义。

尽管有着以上诸多优势，格公钥密码体制的缺点也是显而易见的，即空间尺寸大。举个简单的例子，若想描述一个 m 维的 q-ary 格，需要一个 $n\times m$ 的矩阵才能够把格的结构表达清楚。这庞大的空间尺寸显然已成为格公钥密码走向实用化的巨大障碍。目前解决该问题的最好办法就是使用特殊的格来构造格公钥密码方案。而 NTRU 格作为较高效的格，基于 NTRU 格构造的各种签名和加密方案必将成为信息技术和通信技术（ICT）融合趋势下保证电子业务安全的首选。

1.2 国内外研究现状

科学家们对于格理论的研究源于开普勒猜想，即如果将等半径的小球堆放在单个容器内，那么，该容器内能达到的最大密度为 $\pi/\sqrt{18}$。1840 年前后，高斯正式引入了格的概念并证明了：如果在三维空间内堆放等半径的球，并且认为所有的球心构成一个格，那么，这个三维空间的堆积密度最大值也是 $\pi/\sqrt{18}$。在随后的 150 年中，Minkowski、Hermite、Bourgain、Levenstein、Lovasz 等著名数学家系统地发展了一般几何体的格堆积问题（等价于求格的最短向量问题）与覆盖理论问题（等价于求到格点的最近距离）。直到 1996 年 Ajtai 证明了格上任意随机实例都可以归约到格上的最坏实例，也就是说，在格上两者的困难性等价，从而为设计可证安全的格公钥密码方案奠定了坚实的理论基础。格公钥密码的发展大致可以分为以下两个时期：启发式安全时期和可证安全时期。

早期的格基签名方案以 GGH 签名方案和 NTRU 签名方案为代表。1997 年，Goldreich 等设计了基于格上困难问题的签名方案[9]，称为 GGH 签名方案。GGH 签名方案的签名过程和验证过程都非常高效，但 Goldreich 等并未对该签名方案进行严格的安全性证明。1998 年，Hoffstein 等引入了 NTRU 格的概念，并延续 Goldreich 等的思想设计了一个我们通常称之为 NTRU 签名的方案[10]，该方案虽然更为高效，但仍然没有严格的安全性证明。Nguyen 和 Regev 在 2006 年给出完全攻破 GGH 类方案的一种方法[11]，结束了 GGH 和 NTRU 签名方案的短暂生命。

随着 GGH 和 NTRU 签名方案的攻破，格基签名方案的研究跌入谷底。当密码学家一筹莫展之际，Lyubashevsky 和 Micciancio[12] 以及 Gentry，Peikert 和 Vaikuntanathan[13] 于 2008 年先后分别设计了两种可证明安全的格基数字签名方案。其中，Lyubashevsky 和 Micciancio 设计的签名方案效率较高，但仅仅是一次签名方案。Gentry 等设计的签名方案（GPV 签名）是一个随机预言机模型下安全的签名方案，能够抵抗随机预言机模型下的适应性选择消息攻击。因而，被认为是强不可伪造的。文中 Gentry 等定义了单向陷门函数，并设计了格上的一个单向陷门函数用以构造 GPV 签名方案，从而使得该签名满足可证安全。此后，该类“hash-and-sign”的方法成为构建多种数字签名方案的基本工具。

2010 年，Cash 等利用盆景树模型构造了标准模型下的一个格基签名方案[14]，该方案被证明是存在性不可伪造的。随后 Boyen 等利用消息添加技术改进了 Cash 等的方案，同样构造了标准模型下安全的格基签名方案[15]，此方案更高效。紧接着，Rückert 构造了标准模型下的强不可伪造格基签名方案[16]。Lyubashevsky 于 2012 年首次引入抛弃采样方法并利用其构造了格上无陷门签名方案[17]。方案中不再需要使用格的陷门基作为签名私钥，取而代之的是一个范数较小矩阵，从而使得新方案的私钥和签名的尺寸有了很大幅度的降低。之后，Ducas[18] 等引入双峰高斯的概念，从而构造了一个更为高效的格基无陷门签名方案，该方案被认为是目前普通格上效率最高的签名方案。

很长时间以来，格公钥密码中基于身份（或基于身份的分级）的签名方案的构造都是一个重要的公开问题。目前，常见的构造基于身份（或基于身份的分级）签名方案的方法是通过格基委派技术完成由身份到签名私钥的转换和分级委派，从而使用签名私钥完成签名。2010 年，Cash[14] 等引入了盆景树（Bonsai tree）模型，这是一个典型的格基委派模型，即“盆景树修剪师”可由格的一组基生成一个维数更大的格的一组基，以此类推。随后，Agrawal[19] 等利用 Bonsai tree 模型构造了格上基于身份的分级加密方案。紧接着，Rückert[16] 同样基于 Bonsai tree 模型提出了两个基于身份的分级数字签名方案。其中，Rückert 将 GPV 签名方案与盆景树模型结合起来得到一个随机预言机模型下安全的格上基于身份的分级数字签名方案。随后 Rückert 先将 Cash 构造的标准模型下存在性不可伪造的格基数字签名方案变形为一个强存在性不可伪造的格基数字签名方案，然后将该签名方案与盆景树模型结合起来得到标准模型下强存在性不可伪造的格上基于身份的分级数字签名方案。值得注意的是，基于盆景树模型的以上身份基分级签名方案中，每一次分级都会使得格的维数增大，从而使方案的公钥和私钥的尺寸也相应地增大。为了解决这一问题，Agrawal[20] 等在同年的美密会上引入了固定维数的委派技术并利用这个技术构造了随机预言机模型下安全的格上基于身份的分级加密方案（HIBE）。所谓固定维数就是指在委派之后，可以保持所涉及的格的维数不变，因而就保证了在分级中的所有节点的格都有相同的维数。紧接着利用固定维数格基委派技术得到的基于身份的（分级）数字签名方案相继出现。

具有特殊性质的格基数字签名，例如格基群签名，格基环签名，格基盲签名，格基代理签名，基于证书和无证书的格基签名和同态签名等近几年也都取得了丰硕的成果。2010 年，Gordon[21] 等提出了第一个格基群签名方案。随后，Laguillaumie[22] 和 Langlois[23] 分别在亚密 2013 和 PKC 2014 上给出了两个改进方案，两者的群公钥尺寸和签名的尺寸均与安全参数和群成员个数有关。2015 年，Nguyen[24] 等在 PKC 2015 上提出了一个更高效的格基群签名方案，其群公钥和签名尺寸均被降为 O（log N）（其中 N 表示群中成员数最大值），这是目前最高效的群签名方案。2016 年 Libert[25,26] 等以及 2019 年 Ling[27] 等提出的群签名方案仅仅是从群成员的动态加入和撤销的角度来优化群签名方案，于效率提高无益。作为群签名的弱化版，环签名的发展势头也不容小觑。王凤和[28] 等和 Wang[29] 先后利用盆景树模型构造了格上的两个环签名方案。2012 年，田苗苗[30] 等基于 Boyen 的消息添加技术提出了一种标准模型下安全的基于格的环签名方案，该环签名方案相较于之前的两个环签名方案效率更高，安全性更强。2019 年 Lu[31] 等提出了第一个实用的环签名方案。2010 年，Rückert[32] 构造的格基盲签名方案拉开了格上盲签名的序幕，但该盲签名存在签名失败的情况。为了解决这一问题，王凤和[33] 等利用原像采样函数构造了一个新的盲签名方案。2019 年，Alkadri[34] 等提出了一个实用的盲签名方案用以隐私保护，该签名方案签名效率更高。2020 年，Bouaziz-Ermann[35] 等提出了第一个避免重启的盲签名方案。为了满足特殊应用场景下的代理需求，2010 年，Jiang[36] 等首次利用 Bonsai tree 模型构造了基于格的代理签名方案，该方案在标准模型下是安全的，且代理者不能伪造原始签名人进行代理委派（即原始签名者是受保护的），但原始签名者却可以成功伪造出代理签名者的签名。2011 年，夏峰、杨波[37] 等和 Wang[38] 等也分别利用 Bonsai tree 模型构造了标准模型下安全的基于格的代理签名方案。2013 年，Kim[39] 等利用固定维数的格基委派技术构造了随机预言机模型下安全的基于身份的代理签名方案，该方案效率较高。2017 年和 2018 年，Wu 先后基于 NTRU 格提出了具有消息恢复功能的代理签名方案[40] 和基于身份的代理签名方案[41]。随着云计算的出现，格上同态签名的研究日益激烈。2011 年，Boneh[42] 等基于随机格上的 k 次小整数解问题提出了格上首个二元域上的线性同态签名方案。随后，Boneh[43] 等又基于理想格上的小整数解问题给出了多项式上的线性同态签名方案。2015 年，Gorbunov 等给出了选择性安全的限层全同态签名方案[44]。与以上其他签名相比，格上无证书和基于证书签名的发展相对迟缓。2015 年，田苗苗[45] 基于抛弃采样技术提出了格上基于证书和无证书签名方案。2020 年，Xu 等基于格提出了适用于医疗网络系统的基于证书的签名方案[46]。

格上陷门基生成算法的发展过程大致如下：1999 年，Ajtai[47] 首次提出了一种构造随机格和格上短基的方法。具体地说，该方法给出了一种构造随机矩阵和它对应的垂直格的线性无关短向量组的方法。问题是 Ajtai 生成的陷门基的上界达到了 m 的 2.5 幂次（较大），且随之生成的格的维数也比较大（为 $m \geqslant 5n\log q$）。2008 年，Gentry[8] 等优化了 Ajtai 的格上陷门基生成算法，使得生成的新陷门基的欧几里得范数的上界降为 m 的 $1+\varepsilon$ 幂次（此时，ε 为一个任意大于 0 的实数）。2009 年，Alwen 和 Peikert[48] 介绍了两个新的陷门生产算法。第一个算法虽然降低了陷门基的尺寸和正交格的维数，但是陷门基的尺寸仍然没有达到最优。第二个算法生成的陷门基的尺寸达到了渐近最优，且生成的正交格的维数为 $m>5n\log q$。2012 年，Micciancio[49] 等改进了 Gentry 等提出的格上单向陷门函数生成方法。新的方案更快、更简洁，生成的单向陷门函数困难性更高且同时提高了高斯采样的效率。并且，新方案生成的短格基在经过施密特正交化之后长度更短，使得新陷门达到渐近最优。该方案定义了一个新的陷门，此时陷门已不再是格的一组基，但是我们却可以利用该陷门生成格的一组陷门基。

1.3 研究内容与成果

虽然近年来基于格的数字签名体制的研究取得了很大的进展，但是仍存在许多有待解决的问题。首先，现存格上签名方案的效率较低（究其原因，公、私钥尺寸过大），不能满足移动通信中低带宽的要求，这是格基签名方案实用化过程中最大的障碍。其次，NTRU 格上签名方案的密码原型还不够完善，有很多密码原型没有实现，不能满足日益多样化的应用需求。

为了使得格基数字签名方案更加高效、安全，本书从以下两个方面对

NTRU 格上的签名方案进行了研究。

（1）在提高格基数字签名方案效率方面，我们着重提高以下类型的签名方案：

1）基于身份的签名方案和身份基消息恢复签名方案；

2）环签名方案；

3）基于属性的签名方案；

4）无证书签名方案和基于证书的签名方案；

5）代理签名方案和代理重签名方案和基于身份的代理；

6）无证书有序聚合签名方案和基于证书的有序聚合签名方案。

（2）在丰富格基数字签名密码原型方面，我们着重研究：

1）NTRU 格上基于身份的签名方案和身份基消息恢复签名方案；

2）NTRU 格上环签名方案；

3）NTRU 格上基于属性的签名方案和基于属性的环签名方案；

4）NTRU 格上无证书签名方案和基于证书的签名方案；

5）NTRU 格上的代理签名方案和格上的代理重签名方案；

6）NTRU 格上的无证书有序聚合签名方案和基于证书的有序聚合签名方案。

其实，通过比较我们可以发现，以上两个内容是密切相关的，我们往往是在构造具有新特性签名方案的同时相较于普通格上的同类签名方案又提高了其效率，因而取得了以下研究成果。

（1）将抛弃采样技术和原像采样算法应用到 NTRU 格中，构造了 NTRU 格上的基于身份的签名方案。该方案相较于之前格上的基于身份的签名方案，计算复杂度较低，效率更高，更实用。为了更进一步地缩减通信开销，我们将 Abe[50] 等提出的消息恢复技术引入到 NTRU 格上的身份基签名方案中，提出了 NTRU 格上身份基消息恢复签名，该签名方案与上节签名方案相比，只需发送部分消息给签名验证者，从而节省了通信开销。

（2）基于环上的小整数解（R-SIS）问题，我们构造了 NTRU 格上的环签名方案，该方案相较于之前格上多数环签名方案，需要更少的计算和通信开销，但效率并未达到最高。随后，我们将抛弃采样技术引入到 NTRU 格中，构造了 NTRU 格上更高效的环签名方案。这两个方案在随机预言机模型下均是存在性不可伪造的。

（3）我们用原像采样算法实现签名私钥提取，用抛弃采样技术完成签名，从而构造了格上高效的基于属性的签名方案，该方案与现有 3 个格上属性基签名方案相比，具有更短的公钥尺寸和签名尺寸。随后，我们将该方案拓展至 NTRU 格上，使得公钥尺寸、私钥尺寸以及签名尺寸有较大幅度的缩减。最后，我们将 NTRU 格上的这一属性特征应用到环签名中，构造了 NTRU 格上的属性基环签名方案，该方案相较于之前的环签名方案更灵活，且签名尺寸不再受限于环中成员个数。

（4）将抛弃采样技术应用到签名方案中，构造了 NTRU 格上无证书和基于证书的签名方案。方案的安全性依赖于环上的小整数解问题。通过具体实例比较可知，NTRU 格上的无证书和基于证书的签名方案与现存的格上无证书和基于证书的签名方案相比，具有更短的私钥尺寸和签名尺寸。

（5）我们在 NTRU 格上使用原像采样算法将签名权力委托给代理签名人，随后代理签名人运用抛弃采样算法完成代理签名。我们构造了 NTRU 格上的代理签名方案和格上的代理重签名方案，前者在随机预言机模型下是不可伪造的，即代理签名人和原始签名人均是受保护的。后者在标准模型下是不可伪造的。并且，与之前格基代理签名方案相比，新签名的效率更高。

（6）将抛弃采样技术和聚合技术应用到 NTRU 格中，构造了 NTRU 格上无证书和基于证书的有序聚合签名方案，方案在随机预言机模型下是不可伪造的，即方案能够抵抗外部用户和内部密钥管理中心攻击。且相较于之前的无证书和基于证书的签名方案，新方案更高效。

以上签名方案的出现使得格基数字签名方案向着实用化的方向又迈进了一步！

1.4　章节安排

本书的章节安排具体如下：

第 1 章为绪论。简单介绍了 NTRU 格上数字签名方案的研究背景、研究意义、格上签名方案的国内外研究现状以及我们已经取得的研究成果。

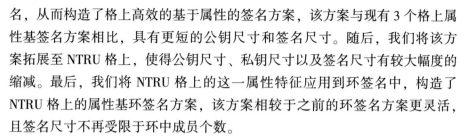

第 2 章为基础知识。介绍了本书常用的一些基础知识，包含常用的数学符号和概念，格上的定义和性质，格上常用的技术，格上的困难问题，数

字签名的定义和安全模型。

第 3 章为 NTRU 格上基于身份的签名方案。提出了 NTRU 格上的基于身份的签名方案，并将其效率与之前的格上的身份基签名方案进行了详细比对。为了进一步提高通信效率，将消息恢复技术嵌入到该方案中，提出了 NTRU 格上的基于身份的消息恢复签名。

第 4 章为 NTRU 格上的环签名方案。提出了 NTRU 格上的环签名方案，方案在随机预言机下是存在性不可伪造的。为了进一步提高环签名效率，我们将抛弃采样技术引入到 NTRU 格中，从而构造了 NTRU 格上一个更高效的环签名方案。

第 5 章为格上的属性基签名方案。提出了格上高效的属性基签名方案并将其扩展成为 NTRU 格上的基于属性的签名方案，扩展后的方案效率更高，更实用。最后，我们将 NTRU 格上的这一属性特征应用到环签名中，构造了 NTRU 格上的属性基环签名方案，该方案相较于之前的环签名方案更灵活，且签名尺寸不再受限于环中成员个数。

第 6 章为 NTRU 格上的无证书以及基于证书的签名方案。提出了 NTRU 格上的无证书和基于证书的签名方案，并将其与格上的无证书和基于证书的签名方案进行详细的效率比对。

第 7 章为 NTRU 格上的代理签名方案。基于环上的小整数解问题，提出了 NTRU 格上的代理签名方案和基于身份的代理签名方案。这两个方案在随机预言机模型下是安全的，且与之前格基代理签名方案相比，新签名方案更高效。基于格上的小整数解问题提出了格上能多次使用的单向代理重签名方案和格上基于身份的单向代理重签名方案。这两个方案在标准模型下是安全的，且效率较之前方案更高。

第 8 章为 NTRU 格上的无证书和基于证书有序聚合签名方案。将抛弃采样技术和聚合技术应用到 NTRU 格中，构造了 NTRU 格上无证书和基于证书的有序聚合签名方案，方案在随机预言机模型下是不可伪造的，即方案能够抵抗外部用户和内部密钥管理中心攻击。且相较于之前的无证书和基于证书的签名方案，新方案更高效。

第 2 章　基础知识

本章介绍文中将要用到的数学符号、函数以及相关的格理论知识。首先给出常用数学符号和定义。

2.1　符号和定义

我们将本书中所有方案的安全参数均约定为正整数 n。用小写斜体字母表示标量（如 a）。多项式也用小写斜体字母表示（如 f），但往往会在字母前加上“多项式”的字样。另外，字符串也用小写斜体字母表示（如 s），同样会在字母前加上“字符串”三个字。用小写斜体黑体字母表示列向量（如 $\boldsymbol{a}$），用大写斜体黑体字母表示矩阵（如 $\boldsymbol{A}$）。$\boldsymbol{a}^T$ 和 $\boldsymbol{A}^T$ 分别表示行向量 $\boldsymbol{a}$ 和 $\boldsymbol{A}$ 的转置矩阵。$[\boldsymbol{a}|\boldsymbol{b}]$ 表示向量 $\boldsymbol{a}$ 和 $\boldsymbol{b}$ 的级联。而 $[\boldsymbol{a}^T,\boldsymbol{b}^T]$ 表示的是行向量 $\boldsymbol{a}^T$ 和 $\boldsymbol{b}^T$ 的串联。$<\boldsymbol{a},\boldsymbol{b}>$ 表示向量 $\boldsymbol{a}$ 和 $\boldsymbol{b}$ 的内积。定义环 $R=\mathbb{Z}[x]/(x^n+1)$，对于环 R 上的多项式 $f=\sum_{i=0}^{n-1}f_ix^i$ 和 $g=\sum_{i=0}^{n-1}g_ix^i$，(f) 表示行向量 $[f_0,\cdots,f_{n-1}]$，$(f,g)\in\mathbb{R}^{2n}=R^{1\times 2}$ 表示行向量 (f) 和 (g) 的串联。对于任意的向量 $\boldsymbol{a}$，它的第 i 个分量用 a_i 来表示，用 $\|\boldsymbol{a}\|$ 表示向量 $\boldsymbol{a}$ 的欧几里得范数。若 $\boldsymbol{a}_i$ 为矩阵 $\boldsymbol{A}$ 的第 i 列向量，则 $\|\boldsymbol{A}\|$ 实则为 $\max_i(\|\boldsymbol{a}_i\|)$。对于字符串 s 和 t，$|s|$ 表示字符串 s 的比特长度，$s|t$ 表示两个字符串的串联，s^l 表示字符串 s 的前 l 比特，t_l 表示字符串 t 的后 l 比特。对于标量 x，$|x|$ 表示的是 x 的绝对值。设 n，$m\in\mathbb{Z}$ 且 $n>0$，素数 $q>0$，$[m]_q=m\bmod q\in(-q/2,q/2]$，$[n]=\{0,1,\cdots,n-1\}$。对于实数 x，$\lfloor x\rceil$ 表示对实数 x 取最接近整数的运算，$\lfloor x\rfloor$ 表示对实数 x 下取整数的运算，$\lceil x\rceil$ 表示对实数 x 上取整数的运算，$\log x$ 表示以 2 为底 x 的对数。符号 $x\leftarrow X$ 在不同语义环境下含义不同：若 X

为一个集合，则符号 $x \leftarrow X$ 表示从集合 X 中均匀随机抽取元素 x。若 X 为概率分布，则 $x \leftarrow X$ 表示 x 服从概率分布 X。若 X 为一个多项式时间算法，则 $x \leftarrow X$ 表示算法 X 的输出为 x。

定义 2.1（Gram-Schmidt 正交化） 已知 n 个线性无关的向量 $\boldsymbol{v}_1$，…，$\boldsymbol{v}_n$，它们的 Gram-Schmidt 正交化定义为 $\tilde{\boldsymbol{v}}_1$，…，$\tilde{\boldsymbol{v}}_n$，其中：

$$\tilde{\boldsymbol{v}}_i = \boldsymbol{v}_i - \sum_{j=1}^{i-1} \frac{\langle \boldsymbol{v}_i, \tilde{\boldsymbol{v}}_j \rangle}{\langle \tilde{\boldsymbol{v}}_j, \tilde{\boldsymbol{v}}_j \rangle} \cdot \tilde{\boldsymbol{v}}_j \tag{2-1}$$

对于满秩方阵 $\boldsymbol{A}$，其 Gram-Schmidt 正交化矩阵记为 $\tilde{\boldsymbol{A}}$。

定义 2.2（可忽略函数） 对安全参数 n，$\mathrm{poly}(n)$ 表示 n 的任意多项式函数。定义函数 $\mathrm{negl}(n): \mathbb{R}^+ \cup \{0\} \to \mathbb{R}^+ \cup \{0\}$，若 $\mathrm{negl}(n) < \mathrm{poly}(n)$ 对足够大的 n 和任意的多项式函数 $\mathrm{poly}(n)$ 总是成立，则我们称 $\mathrm{negl}(n)$ 为可忽略函数。

一般情况下，我们将一个事件 A 发生的概率记为 $\Pr[A]$。若 $\Pr[A] = \mathrm{negl}(n)$，我们称事件 A 发生的概率是可忽略的。若 $\Pr[A] = 1 - \mathrm{negl}(n)$，我们称事件 A 以压倒式的概率发生。

定义 2.3（统计距离） 已知某个有限集合 Ω 上的两个分布——X 和 Y，我们定义分布 X 和 Y 的统计距离为：

$$\Delta(X,Y) = (1/2) \sum_{u \in \Omega} \left| \Pr[X = u] - \Pr[Y = u] \right| \tag{2-2}$$

若 $\Delta(X, Y) = \mathrm{negl}(n)$，我们称分布 X 和分布 Y 是统计接近的。

定义 2.4（常用的渐进符号） 设函数 $f(n)$，$g(n)$ 均为 $\mathbb{N} \to \mathbb{R}^+$ 的函数，有：

（1）若 $\lim\limits_{n\to\infty} f(n)/g(n) \neq \infty$，则称函数 $g(n)$ 为函数 $f(n)$ 的一个渐进上界，记作 $f(n) = O(g(n))$。

（2）若 $\lim\limits_{n\to\infty} f(n)/g(n) \neq 0$，则称函数 $g(n)$ 为函数 $f(n)$ 的一个渐进下界，记作 $f(n) = \Omega(g(n))$。

（3）若 $\lim\limits_{n\to\infty} f(n)/g(n) = \infty$，则称函数 $f(n)$ 是关于函数 $g(n)$ 的无穷大量，记作 $f(n) = \omega(g(n))$。

除此之外，我们通常使用 $\widetilde{O}(\cdot)$ 符号表示隐藏了 $O(\cdot)$ 中的对数多项式因子，例如，$O(n^3 \log^6 n) = \widetilde{O}(n^3)$。

2.2　格

2.2.1　格上的定义及基本性质

从线性代数的角度看，实数域上的线性无关的一组向量的整系数线性组合就构成一个格，定义如下：

定义 2.5（格）　由 m 个线性无关向量 $\boldsymbol{b}_1, \cdots, \boldsymbol{b}_m \in \mathbb{R}^n$ 生成的格 Λ 为该 m 个线性无关向量所有整系数线性组合的集合，即：

$$\Lambda = L(\boldsymbol{b}_1, \cdots, \boldsymbol{b}_m) = \left\{ \sum_{i=1}^{m} a_i \boldsymbol{b}_i \mid a_i \in \mathbb{Z} \right\} \tag{2-3}$$

其中，m 为格 Λ 的秩，n 为格 Λ 的维数，$\boldsymbol{B} = (\boldsymbol{b}_1 | \cdots | \boldsymbol{b}_m)$ 为格 Λ 的一组基。需要注意的是格的基不是唯一的。例如，图 2-1 给出了格 $\mathbb{Z}^2$ 的两组基。

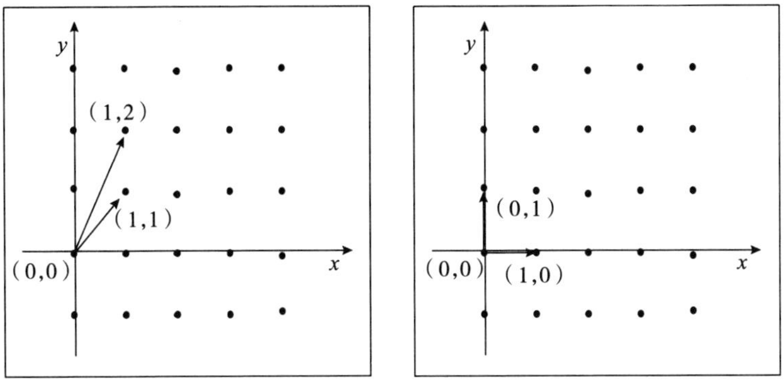

图 2-1　格 $\mathbb{Z}^2$ 的两组基

其中 $\boldsymbol{B}_1 = [\boldsymbol{b}_{11} \mid \boldsymbol{b}_{12}] = \begin{bmatrix} 0, & 1 \\ 1, & 0 \end{bmatrix}$，$\boldsymbol{B}_2 = [\boldsymbol{b}_{21} \mid \boldsymbol{b}_{22}] = \begin{bmatrix} 1, & 1 \\ 1, & 2 \end{bmatrix}$。

定义 2.6（NTRU 格）　令 q 为大于 5 的素数，n 为 2 的幂次，多项式 f，$g \in R$（且 f 模 q 是可逆的）。令 $h = g/f\ (\mathrm{mod}q)$，则由多项式 h 和 q 确定的 NTRU 格定义为 $\Lambda_{h,q} = \{ (u, v) \in R^2 \mid u + v * h = 0\ (\mathrm{mod}q) \}$。

定义 2.7（幺模矩阵） 如果整数矩阵 $\boldsymbol{U}\in\mathbb{Z}^{m\times m}$ 满足 $\det(\boldsymbol{U})=\pm 1$，则称 $\boldsymbol{U}$ 为幺模矩阵。

格的任意两组基满足以下引理。

引理 2.1[51] 设 $\boldsymbol{B}_1$，$\boldsymbol{B}_2\in\mathbb{R}^{m\times m}$ 是格 Λ 的两组基，那么，存在一个幺模矩阵 $\boldsymbol{U}\in\mathbb{Z}^{m\times m}$，使得 $\boldsymbol{B}_1=\boldsymbol{B}_2\boldsymbol{U}$。

一般而言，格的秩 m 不能超过格的维数 n。如果 $m=n$，则称格 Λ 是满秩的。若非特殊说明，本书中涉及的格均为满秩格。

q-ary 格是构建密码方案常用的一类整数格，具体定义如下：

定义 2.8（q-ary 格） 设 q 是一个素数，n 和 m 为正整数，$\boldsymbol{A}\in\mathbb{Z}_q^{n\times m}$ 为任意矩阵，且向量 $\boldsymbol{u}\in\mathbb{Z}_q^{n}$，定义 m 维满秩 q-ary 格如下：

$$\Lambda_q(\boldsymbol{A})=\{\mathbf{x}\in\mathbb{Z}^m \mid \exists \boldsymbol{y}\in\mathbb{Z}_q^n, \boldsymbol{x}=\boldsymbol{A}^{\mathrm{T}}\boldsymbol{y} \pmod q\}$$

$$\Lambda_q^{\perp}(\boldsymbol{A})=\{\boldsymbol{x}\in\mathbb{Z}^m \mid \boldsymbol{A}\boldsymbol{x}=\boldsymbol{0} \pmod q\}$$

$$\Lambda_q^{u}(\boldsymbol{A})=\{\boldsymbol{x}\in\mathbb{Z}^m \mid \boldsymbol{A}\boldsymbol{x}=\boldsymbol{u} \pmod q\}$$

从定义 2.8 我们容易看出：①如果任意元素 $\boldsymbol{x}\in\Lambda_q^{\perp}(\boldsymbol{A})$，则对任意的 $\boldsymbol{y}\in\mathbb{Z}^m$ 都有 $\boldsymbol{x}+q\boldsymbol{y}\in\Lambda_q^{\perp}(\boldsymbol{A})$；②类似地，如果任意元素 $\boldsymbol{x}\in\Lambda_q^{\boldsymbol{u}}(\boldsymbol{A})$，则对任意的 $\boldsymbol{y}\in\mathbb{Z}^m$ 都有 $\boldsymbol{x}+q\boldsymbol{y}\in\Lambda_q^{\boldsymbol{u}}(\boldsymbol{A})$；③对任意元素 $\boldsymbol{x}\in\Lambda_q^{\boldsymbol{u}}(\boldsymbol{A})$，满足 $\Lambda_q^{\boldsymbol{u}}(\boldsymbol{A})=x+\Lambda_q^{\perp}(\boldsymbol{A})$。通常情况下，$\Lambda_q^{\perp}(A)$ 和 $\Lambda_q^{\boldsymbol{u}}(\boldsymbol{A})$ 常被简写为 $\Lambda^{\perp}(\boldsymbol{A})$ 和 $\Lambda^{\boldsymbol{u}}(\boldsymbol{A})$。

除此之外，q-ary 格还有以下两个重要性质。

引理 2.2[49] 对于任意的矩阵 $\boldsymbol{A}\in\mathbb{Z}_q^{n\times m}$，若矩阵 $\boldsymbol{S}\in\mathbb{Z}^{m\times m}$ 为格 $\Lambda^{\perp}(\boldsymbol{A})$ 的一组基，则有：

（1）对任意的幺模矩阵 $\boldsymbol{U}$，存在一个以 $\boldsymbol{US}$ 为一组基的格 $\Lambda_q^{\perp}(\boldsymbol{A}\boldsymbol{U}^{-1})$；

（2）对任意的可逆矩阵 $\boldsymbol{R}\in\mathbb{Z}_q^{n\times m}$，有格 $\Lambda_q^{\perp}(\boldsymbol{R}\cdot\boldsymbol{A})=\Lambda_q^{\perp}(\boldsymbol{A})$。

高斯分布是研究格性质[52] 以及格困难问题复杂性[53-55] 不可或缺的工具，本书提出的签名方案将大量使用离散高斯分布。

定义 2.9（离散高斯分布） 已知 $\forall s\in\mathbb{R}^+$，向量 $\boldsymbol{c}\in\mathbb{R}^m$ 以及 n 维格 Λ。那么，定义以 s 为参数，以 $\boldsymbol{c}$ 为中心的高斯函数为 $\rho_{s,\boldsymbol{c}}(\boldsymbol{x})=\exp(-\pi\|\boldsymbol{x}-\boldsymbol{c}\|/s^2)$。而格 Λ 上以 $\boldsymbol{c}$ 为中心，s 为参数的离散高斯函数则定义为：

$$D_{\Lambda,s,\boldsymbol{c}}(\boldsymbol{x})=\rho_{s,\boldsymbol{c}}(\boldsymbol{x})/\rho_{s,\boldsymbol{c}}(\Lambda) \tag{2-4}$$

其中，$\rho_{s,\boldsymbol{c}}(\Lambda)=\sum_{x\in\Lambda}\rho_{s,\boldsymbol{c}}(\boldsymbol{x})$。

当 $c=0$ 时，$D_{\Lambda,s,\boldsymbol{0}}(\boldsymbol{x})$ 和 $\rho_{s,\boldsymbol{0}}(\boldsymbol{x})$ 常简写为 $D_{\Lambda,s}(\boldsymbol{x})$ 和 $\rho_s(\boldsymbol{x})$。从图

2-2~图 2-5 可直观看出：当参数 s 增大时，格上的高斯分布就变得越平坦；反之，格上的高斯分布就变得越陡峭。

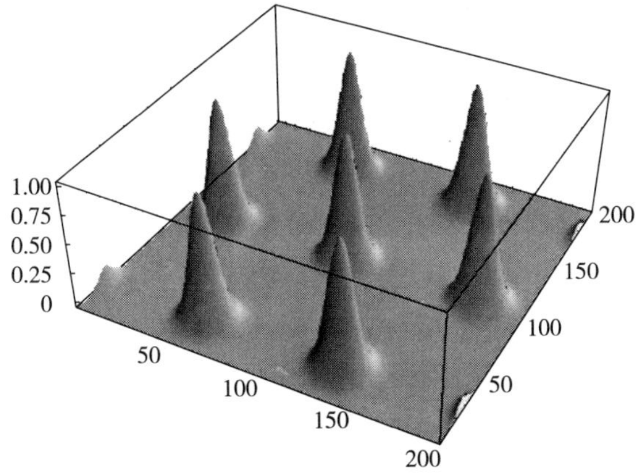

图 2-2　s 小时的格上高斯函数

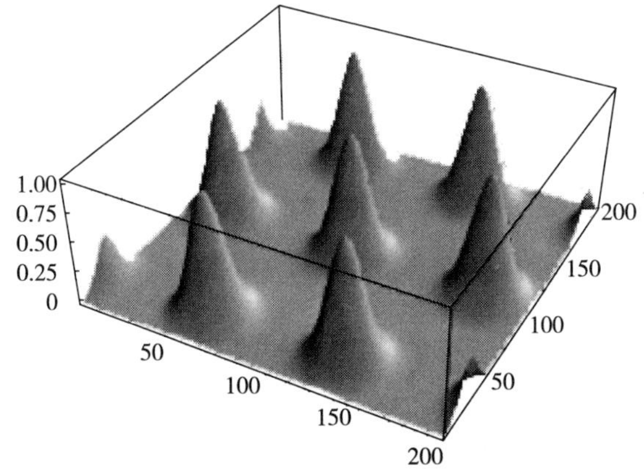

图 2-3　s 较大时的格上高斯函数

引理 2.3[12,56]　给定素数 $q \geqslant 3$，正整数 $m > 2n\log q$，高斯参数 $\sigma \geqslant \omega(\sqrt{\log m})$ 和向量 $\boldsymbol{u} \in \mathbb{Z}_q^n$，则有：

（1）对几乎所有随机选的矩阵 $\boldsymbol{A} \in \mathbb{Z}_q^{n \times m}$，都有以下概率成立：

$$\Pr[\boldsymbol{x} \leftarrow D_{\Lambda^{\boldsymbol{u}}(\boldsymbol{A}),\sigma}: \|\boldsymbol{x}\| > \sigma\sqrt{m}] \leqslant \mathrm{negl}(n) \tag{2-5}$$

（2）对几乎所有随机选的矩阵 $\boldsymbol{A} \in \mathbb{Z}_q^{n \times m}$，若 $\boldsymbol{x} \leftarrow D_{\Lambda^{\boldsymbol{u}}(\boldsymbol{A}),\sigma}$，则有 $\boldsymbol{t} = \boldsymbol{A}\boldsymbol{x} \pmod q$ 的分布统计接近于 $\mathbb{Z}_q^n$ 上的均匀分布。

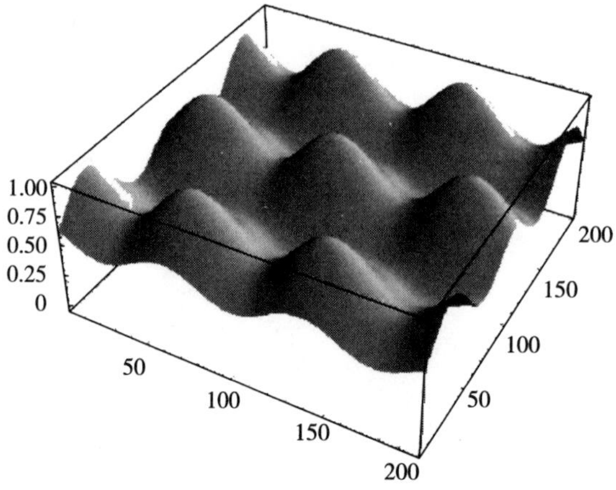

图 2-4　s 大时的格上高斯函数

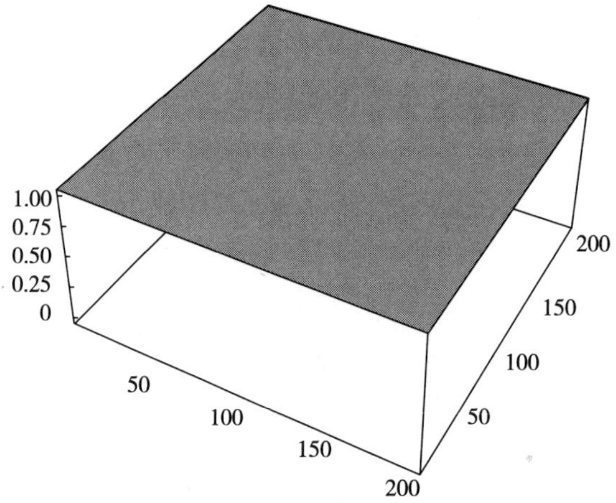

图 2-5　s 为 ∞ 时的格上高斯函数

定义 2.10（光滑参数）　给定 n 维格 Λ 和任意实数 $\varepsilon>0$，格 Λ 上关于参数 ε 的光滑参数定义为 $\eta_{\varepsilon}=\min\{\sigma\in\mathbb{R}^{+}\mid\rho_{1/\sigma}(\Lambda^{*}\setminus\{0\})\leqslant\varepsilon\}$。其中，$\Lambda^{*}$ 为格 Λ 的对偶格，我们将 Λ^{*} 定义为：

$$\Lambda^{*}=\{\boldsymbol{x}\in\mathbb{R}^{n}\mid\forall\boldsymbol{v}\in\Lambda,\langle\boldsymbol{x},\boldsymbol{v}\rangle\in\mathbb{Z}\}\tag{2-6}$$

下面给出光滑参数相关的一些引理。

引理 2.4[13]　设 $\boldsymbol{B}=[\boldsymbol{b}_1\mid\boldsymbol{b}_2\mid\cdots\mid\boldsymbol{b}_n]$ 为格 Λ 的任意一组基，对任意的 $\varepsilon\in\mathbb{R}^{+}$，其光滑参数满足 $\eta_{\varepsilon}(\Lambda)\leqslant\|\tilde{\boldsymbol{B}}\|\cdot\omega(\sqrt{\log n})$。

引理 2.5[56]　给定一个 m 维格 Λ，任意的 $\varepsilon\in(0,1)$，高斯参数 $\sigma>\eta_{\varepsilon}$

(Λ) 以及 $c\in\mathbb{R}^m$，有 $\rho_{\sigma,c}(\Lambda)\in[(1-\varepsilon)/(1+\varepsilon),1]\cdot\rho_\sigma(\Lambda)$。

引理 2.6[57] 给定一个 m 维格 Λ，$c\in span(\Lambda)$（$span(\Lambda)$ 是指由格 Λ 的基张成的线性空间），任意的 $\varepsilon\in(0,1)$，高斯参数 $\sigma>\eta_\varepsilon(\Lambda)$，有：

$$Pr_{x\leftarrow D_{\Lambda,\sigma,c}}[\|x-c\|>\sigma\sqrt{m}]\leqslant((1+\varepsilon)/(1-\varepsilon))\cdot 2^{-n} \tag{2-7}$$

引理 2.7[57] 给定一个 m 维格 Λ，任意的 $\varepsilon>0$，高斯参数 $\sigma>2\eta_\varepsilon(\Lambda)$ 以及中心 $c\in\mathbb{R}^m$，有 $D_{\Lambda,\sigma,c}(x)\leqslant((1-\varepsilon)/(1+\varepsilon))\cdot 2^{-n}$。若 $\varepsilon<1/3$，$D_{\Lambda,\sigma,c}(x)$ 的最小熵至少是 $n-1$。

引理 2.8 对于任意的实数 $\sigma>0$，正整数 m，有：

$$\Pr[x\leftarrow D_\sigma^1: |x|>12\sigma]<2^{-100} \tag{2-8}$$

$$\Pr[x\leftarrow D_\sigma^m: \|x\|>2\sigma\sqrt{m}]<2^{-m} \tag{2-9}$$

引理 2.9[17] 对于任意向量 $v\in\mathbb{Z}^m$ 和任意的正实数 α，若 $\sigma=\omega(\|v\|\sqrt{\log m})$，则有：

$$\Pr[x\leftarrow D_\sigma^m: D_\sigma^m(x)/D_{v,\sigma}^m(x)=O(1)]=1-2^{-\omega(\log m)} \tag{2-10}$$

2.2.2 格上常用技术

(1) 陷门生成算法。格上的陷门基是构造密码方案的关键技术，因而格陷门基的生成就显得尤为重要。本小节给出文中需要用到的格上陷门基的生成算法。

定理 2.1（陷门基生成算法）[48] 给定素数 $q\geqslant 3$ 以及正整数 $m\geqslant\lceil 6n\log q\rceil$，存在一个概率多项式时间（PPT）算法 TrapGen（1^n）能够输出矩阵 $A\in\mathbb{Z}_q^{n\times m}$ 和格 $\Lambda^\perp(A)$ 的一组基 $T\in\mathbb{Z}_q^{m\times m}$，使得矩阵 A 的分布与 $\mathbb{Z}_q^{n\times m}$ 上的均匀分布是统计不可区分的，且 $\|T\|\leqslant O(n\log q)$ 和 $\|\tilde{T}\|\leqslant O(\sqrt{n\log q})$ 能以压倒势的概率成立。

定理 2.2（NTRU 格上的陷门基生成算法）[58] 给定正整数 n 为 2 的幂次，且使得 $\Phi=x^n+1$ 在实数空间能够分解成 $k_q\in\{2,n\}$ 个模 q 不可约的因子。令 $\varepsilon\in(0,1/3)$ 并且高斯参数 σ 满足：当 $k_q=n$ 时，$\sigma\geqslant\max(n\sqrt{\ln(8nq)}\cdot q^{1/2+\varepsilon},\omega(n^{3/2}\ln^{3/2}n))$；当 $k_q=2$ 时，$\sigma\geqslant\max(\sqrt{n\ln(8nq)}\cdot q^{1/2+\varepsilon},\omega(n^{3/2}\ln^{3/2}n))$。那么就存在一个 PPT 算法 TrapGen（$1^n$）能够输出 NTRU 格 $\Lambda_{h,q}$ 的一组陷门基 B 和一个多项式 $h=g/f$，满足 $\|(f,g)\|\leqslant 2\sigma$

$\sqrt{n}$，$\|(F,G)\| \leqslant n\sigma$，并且，若 n 足够大，h 的分布与 $R_q^\times$ 上的均匀分布的统计距离小于 $2^{10n}q^{-\lfloor \varepsilon n \rfloor}$。

NTRU 格上的陷门生成算法较为特殊，特列出，如下：

算法 1　TrapGen（1^n）

输入：n，$q \in \mathbb{Z}$，$\sigma>0$

输出：（sk，pk）$\in \mathbb{R}^{2n\times 2n} \times R_q^\times$

1）从 D_σ^n 中采样多项式 f 和 g 满足 $(f \bmod q) \in R_q^\times$ 且 $(g \bmod q) \in R_q^\times$。

2）若 $\|f\| > \sigma\sqrt{n}$ 或者 $\|g\| > \sigma\sqrt{n}$，重新采样。

3）若 $<f, g> \neq R$，重新采样。

4）计算 F_1，$G_1 \in R$ 使得 $fG_1 - gF_1 = 1$ 成立，随后设置 $F_q = qF_1$ 和 $G_q = qG_1$。

5）使用 Babai 最近平面算法求得 (F_q, G_q)。其中，(F_q, G_q) 为 (f,g)、(xf,xg)、…、$(x^{n-1}f, x^{n-1}g)$ 的整系数线性组合。且（F，G）满足存在 $k \in R$ 使得 $(F,G) = (F_q, G_q) - k(f,g)$ 成立。

6）若 $\|(F,G)\| > n\sigma$，重新计算。

7）返回私钥 $sk = \boldsymbol{B} = \begin{pmatrix} \boldsymbol{C}(f) & \boldsymbol{C}(g) \\ \boldsymbol{C}(F) & \boldsymbol{C}(G) \end{pmatrix}$ 和公钥 $pk = h = g/f$。这里 $\boldsymbol{C}$（f）表示向量（f）的反循环矩阵。

（2）高斯采样以及原像采样算法。离散高斯采样算法是构成原像采样算法的核心技术，而原像采样算法是构造大多数格上数字签名不可或缺的关键构件。本小节将给出这两种算法的具体描述。

算法 2　高斯采样算法，SampleD

1）输入格的一组基 $\boldsymbol{B}$，参数 σ 和中心向量 $\boldsymbol{c}$。

2）定义 $\boldsymbol{v}_n \leftarrow \boldsymbol{0}$，$\boldsymbol{c}_n \leftarrow \boldsymbol{0}$。

3）For $i=n$ to 1，

　　计算 $c'_i = <\boldsymbol{c}_i, \tilde{\boldsymbol{b}}_i>/<\tilde{\boldsymbol{b}}_i, \tilde{\boldsymbol{b}}_i>$，$\sigma'_i = \sigma / \|\tilde{\boldsymbol{b}}_i\| > 0$。

　　抽取 $z_i \leftarrow D_{\mathbb{Z}, \sigma'_i, c'_i}$，并计算 $\boldsymbol{c}_{i-1} \leftarrow \boldsymbol{c}_i - z_i \boldsymbol{b}_i$，$\boldsymbol{v}_{i-1} \leftarrow \boldsymbol{v}_i + z_i \boldsymbol{b}_i$。

　End

4）输出 $\boldsymbol{v}_0$。

算法 3　原像采样算法，SamplePre

1）输入格 $\Lambda^\perp(\boldsymbol{A})$ 的一组基 $\boldsymbol{T}$，参数 $\sigma \geqslant \eta_\varepsilon(\Lambda^\perp(\boldsymbol{A}))$ 以及 $\boldsymbol{u} \in \mathbb{R}^n$。

2）求解线性方程 $\boldsymbol{Ax}=\boldsymbol{u}\bmod q$，选择一个整数解 $\boldsymbol{t}\in\mathbb{Z}^m$。

3）调用高斯采样算法 $\boldsymbol{v}\leftarrow$SampleD（$\boldsymbol{A}$，$\boldsymbol{T}$，σ，$-\boldsymbol{t}$）。

4）输出 $\boldsymbol{e}=\boldsymbol{t}+\boldsymbol{v}$。

定理 2.3[13]　给定正整数 $q\geqslant2$，$m>n$，矩阵 $\boldsymbol{A}\in\mathbb{Z}_q^{n\times m}$，格 $\Lambda^{\perp}$（$\boldsymbol{A}$）的一组基 $\boldsymbol{T}$ 以及高斯参数 $\sigma\geqslant\|\tilde{\boldsymbol{T}}\|\omega(\sqrt{\log m})$，则对任意的向量 $\boldsymbol{c}\in\mathbb{R}^m$，$\boldsymbol{u}\in\mathbb{Z}_q^n$ 有：

1）存在一个 PPT 算法 SampleD（$\boldsymbol{A}$，$\boldsymbol{T}$，σ，$\boldsymbol{c}$）能够输出一个分布统计接近于 $D_{\Lambda^{\perp}(A),\sigma,\boldsymbol{c}}$ 的向量 $\boldsymbol{v}$。

2）存在一个 PPT 算法 SamplePre（$\boldsymbol{A}$，$\boldsymbol{T}$，σ，$\boldsymbol{u}$）能够输出一个分布统计接近于 $D_{\Lambda^{\boldsymbol{u}}(A),\sigma}$ 的向量 $\boldsymbol{v}$。

NTRU 格上的高斯采样算法及原像采样算法类似，在此不再赘述。

（3）盆景树。2010 年，Cash 等在当年的欧密会上首次引入了盆景树模型（Bonsai tree）。在该模型中，我们常以格的一组基作为根节点生成一个维数更大的格的一组基作为下一级的枝节点，而这个枝节点可以作为下一级的根节点再生出新的枝节点，以此类推。这种由“根节点”生成“枝节点”的过程可以是无指导生长的（Undirected Growth），即“盆景树修剪师”在分级过程中并不使用陷门基控制“盆景”的“生长方向”；也可以是“带控制的生长”过程，即“盆景树修剪师”利用格基陷门控制“盆景”的“生长方向”的过程，包括控制生长（Controlled Growth）、扩展控制（Extending Control）和随机控制（Randomizing Control）。

1）无指导生长（Undirected Growth）。无指导生长过程通常指的是将格上困难问题嵌入到盆景树模型的过程。

已知矩阵 $\boldsymbol{A}\in\mathbb{Z}_q^{n\times m}$ 为奇偶校验矩阵，定义矩阵 $\boldsymbol{A}$ 的列向量为 $\boldsymbol{a}_i\in\mathbb{Z}_q^n$ 且 $m>0$。对于 $\boldsymbol{m}'>\boldsymbol{m}$，我们将矩阵 $\boldsymbol{A}$ 扩展为 $\boldsymbol{A}'=\boldsymbol{A}\|\bar{\boldsymbol{A}}\in\mathbb{Z}_q^{n\times m'}$。很明显，$\Lambda^{\perp}(\boldsymbol{A}')$ 相比于 $\Lambda^{\perp}(\boldsymbol{A})$ 具有更高的维数。特别地，对任意向量 $\boldsymbol{v}\in\Lambda^{\perp}(\boldsymbol{A})$，由于 $\boldsymbol{A}'\boldsymbol{v}'=\boldsymbol{A}\boldsymbol{v}=\boldsymbol{0}$ 成立，故向量 $\boldsymbol{v}'=\boldsymbol{v}\|\boldsymbol{0}$ 也是在 $\Lambda^{\perp}(\boldsymbol{A}')$ 之中的。

2）控制生长（Controlled Growth）。由上可知，“盆景树修剪师”在 Undirected Growth 过程中并没有使用陷门，因而也没有任何特权。然而，当“盆景树修剪师”拥有格上的一个好的陷门基（可由算法 1——陷门生成算法生成）时，他可以通过自己的控制达到对盆景树模型更好的利用。

3）扩展控制（Extending Control）。在本书的方案中，我们主要使用了盆景树的 Extending Control 方法。格上的扩展控制算法是指：我们可以由一个维数较小格和它的一组基构造出更大维数的格同时可生成该格的一组基。这种控制生长方法也是一种格基委派技术。

引理 2.10[14] 已知格 $\Lambda^{\perp}(\boldsymbol{A})$ 以及它的一组基 $\boldsymbol{T}$，其中，$\boldsymbol{A}\in\mathbb{Z}_q^{n\times m}$，$\boldsymbol{T}\in\mathbb{Z}_q^{m\times m}$，且 $\bar{\boldsymbol{A}}\in\mathbb{Z}_q^{n\times\bar{m}}$。那么，存在一个 PPT 算法 ExtBasis$(\boldsymbol{T},\boldsymbol{A}'=\boldsymbol{A}\parallel\bar{\boldsymbol{A}})$ 能够计算并输出一个更大维数的格 $\Lambda^{\perp}(\boldsymbol{A}')=\Lambda^{\perp}(\boldsymbol{A}\parallel\bar{\boldsymbol{A}})$ 及其基向量 $\boldsymbol{T}'$。算法具体描述如下：

① $i=1,2,\cdots,m,\boldsymbol{t}'_i=\boldsymbol{t}_i\parallel\boldsymbol{0}\in\mathbb{Z}^{m'}$。

② $i=1,2,\cdots,\bar{m},\boldsymbol{t}'_{m+i}=\boldsymbol{s}_i\parallel\boldsymbol{e}_i\in\mathbb{Z}^{m'}$，其中 $\boldsymbol{s}_i$ 需要满足 $\boldsymbol{A}\boldsymbol{s}_i=-\boldsymbol{a}_i=\boldsymbol{a}'_{i+m}$，$\boldsymbol{e}_i$ 是第 i 个标准基向量。

4）随机控制（Randomizing Control）。随机控制过程是指“盆景树修剪师”以某种方式（通常是一个代价很小的举动）实现格基的随机化排列，也就是指以小代价生成格的一组新基，并且该基与随机化前的基看起来没有任何关系。该方法在确保委派安全时尤为重要。

引理 2.11[14] 对于 n 维整数格 Λ 的任意一组基 $\boldsymbol{T}$ 和参数 $\sigma\geqslant\|\tilde{\boldsymbol{T}}\|\cdot\omega(\sqrt{\log n})$，存在一个概率多项式时间算法 RandBasis（$\boldsymbol{T}$，σ）能够输出格 Λ 的另一组基 $\boldsymbol{T}'$ 使得 $\|\boldsymbol{T}'\|\leqslant\sigma\sqrt{m}$。另外，算法满足，对于同一个格的不同基 $\boldsymbol{T}_0$ 和 $\boldsymbol{T}_1$，设 $\sigma\geqslant\max\{\|\tilde{\boldsymbol{T}}_0\|,\|\tilde{\boldsymbol{T}}_1\|\}\cdot\omega(\sqrt{\log n})$，则 RandBasis（$\boldsymbol{T}_0$，$\sigma$）的输出和 RandBasis（$\boldsymbol{T}_1$，$\sigma$）的输出是统计不可区分的。

（4）格基委派技术。由以上部分可明显得知，当盆景树的扩展控制部分提出的格基委派算法应用到分级系统中时，随着分级次数的增加，格的维数也会逐渐增大，从而使得计算量增大，影响方案效率。为了解决这个问题，2010 年，Agrawal 等在美密会上提出了一个新的委派小基的技术从而构造了一个固定维数的基于身份的分级方案。该技术的优势在于委派之后，可以保持格的维数不变。

引理 2.12 设 Λ 是一个 m 维的格，那么存在一个确定性多项式时间算法在给定 Λ 的任意一组基和 Λ 上的一个满秩集 $S=\{\boldsymbol{s}_1,\cdots,\boldsymbol{s}_m\}$ 之后，能够返回格 Λ 的一个小基 $\boldsymbol{T}$，满足 $\|\tilde{\boldsymbol{T}}\|\leqslant\|\tilde{\boldsymbol{S}}\|$ 且 $\|\boldsymbol{T}\|\leqslant\|\boldsymbol{S}\|(\sqrt{m}/2)$。

引理 2.13[20] 设 $\boldsymbol{A}\in\mathbb{Z}_q^{n\times m}$ 为满秩矩阵，矩阵 $\boldsymbol{R}\leftarrow D_{m\times m}$，$\boldsymbol{T}$ 为格 $\Lambda^{\perp}$

($\boldsymbol{A}$) 的一组基，高斯参数 $\sigma > \|\tilde{\boldsymbol{T}}\| \cdot \sigma_{\boldsymbol{R}}\sqrt{m} \cdot \omega(\log^{3/2}m)$。其中，$\sigma_{\boldsymbol{R}} = \sqrt{n\log q} \cdot \omega(\sqrt{\log m})$，$D_{m\times m}$ 表示 $\mathbb{Z}^{m\times m}$ 中满足 $(D_{\sigma_R}^m)^m$ 且模 q 可逆的矩阵的分布。则存在一个 PPT 算法 BasisDel$(\boldsymbol{A},\boldsymbol{R},\boldsymbol{T},\sigma)$ 能够输出格 $\Lambda^{\perp}(\boldsymbol{AR}^{-1})$ 的一组基 $\boldsymbol{T_B}$，使得 $\|\boldsymbol{T_B}\| < \sigma/\omega(\sqrt{\log m})$。若矩阵 $\boldsymbol{R}$ 是从 $D_{m\times m}$ 中抽取的 l 个矩阵的乘积，则 $\sigma > \|\tilde{\boldsymbol{T}}\| \cdot (\sigma_{\boldsymbol{R}}\sqrt{m} \cdot \omega(\log^{1/2}m))^{l} \cdot \omega(\log m)$。算法的具体描述如下：

1）设 $\boldsymbol{T} = \{\boldsymbol{t}_1, \cdots, \boldsymbol{t}_m\} \in \mathbb{Z}^m$，计算 $T'_B = \{\boldsymbol{Rt}_1, \cdots, \boldsymbol{Rt}_m\}$，

2）利用引理 2.12 把基 T'_B 变换成 $\Lambda^{\perp}$（$\boldsymbol{B}=\boldsymbol{AR}^{-1}$）的一组小基 $\boldsymbol{T''_B}$，

3）调用 RandBasis（$\boldsymbol{T''_B}$，σ）输出格 $\Lambda^{\perp}$（$\boldsymbol{B}=\boldsymbol{AR}^{-1}$）的随机小基 $\boldsymbol{T_B}$。

（5）抛弃采样算法。自 2008 年 Gentry 等提出格上第一个可证安全的签名方案[13] 之后，很长一段时间内格上的签名方案均是依赖于格上的高斯采样技术。众所周知，格上的高斯采样较为复杂，严重影响签名效率。2012 年，Lyubashevsky 等提出了抛弃采样技术（Rejection Sampling Technique），并利用该技术提出了格上首个无陷门签名方案。现将运用抛弃采样技术的无陷门签名方案具体描述如下。

算法 4　格上的无陷门签名方案：

$H:\{0,1\}^* \to \{\boldsymbol{v}: \boldsymbol{v} \in \{-1,0,1\}^k, \|\boldsymbol{v}\|_1 \leqslant c\}$, c is constant

Signing Key:	**Verification Key:**
$\boldsymbol{S} \xleftarrow{\$} \{-d,\cdots,0,\cdots,d\}^{m\times k}$	$\boldsymbol{A} \xleftarrow{\$} \mathbb{Z}_q^{n\times m}$, $\boldsymbol{T} \leftarrow \boldsymbol{AS}$
Sign$(\mu,\boldsymbol{A},\boldsymbol{S})$	**Verify**$(\mu,\boldsymbol{z},\boldsymbol{c},\boldsymbol{A},\boldsymbol{T})$
1: $y \xleftarrow{\$} D_{\sigma}^m$,	Accept if and only if
2: $\boldsymbol{c} \leftarrow H(\boldsymbol{Ay}, \mu)$,	1: $\|\boldsymbol{z}\| \leqslant 2\sigma\sqrt{m}$,
3: $\boldsymbol{z} \leftarrow \boldsymbol{Sc}+\boldsymbol{y}$,	2: $c = H(\boldsymbol{Az}-\boldsymbol{Tc},\mu)$。
4: output $(\boldsymbol{z}, \boldsymbol{c})$ with probability,	
$\min\left(\dfrac{D_{\sigma}^m(\boldsymbol{z})}{MD_{\boldsymbol{Sc},\sigma}^m(\boldsymbol{z})}, 1\right)$。	

Lyubashevsky 等指出，当达到同样安全程度时，无陷门签名方案的密钥尺寸要比先前格签名方案的密钥尺寸短 10 倍。

2.2.3 格上的困难问题

众所周知，公钥密码方案的安全性往往是依赖于一些已知的公认难题，例如，传统的数论问题（大整数分解或离散对数问题等）。同样，格上密码方案的安全性依赖于格上的困难问题，而格上许多困难问题已被证明是 NP 困难的[50,59]。本节将对格上常用到的困难问题进行详细描述。

格上的两个最基本的计算问题分别是最短向量问题 SVP（Shortest Vector Problem）和最近向量问题 CVP（Closest Vector Problem），前者为格上主要困难问题，本节只讨论前者。格上的最短向量问题，顾名思义，是指寻找格中最短的非零向量。不失一般性地，给定一个格 Λ，假设格 Λ 中最短向量的长度是 λ_1，则格 Λ 上的 SVP 就是指求得一个向量 $\boldsymbol{v} \in \Lambda$ 满足 $\|\boldsymbol{v}\| = \lambda_1$。通常情况下，格上的 SVP 有以下三种表述方式。

（1）Search SVP（搜索版本的 SVP）：给定格 Λ，求得一个非零向量 $\boldsymbol{v} \in \Lambda$ 满足 $\|\boldsymbol{v}\| = \lambda_1$。

（2）Optimization SVP（优化版本的 SVP）：给定格 Λ，确定最短向量的长度 λ_1。

（3）Decisional SVP（判定性版本的 SVP）：给定格 Λ 和一个实数 $r>0$，判断 $\lambda_1<r$ 是否成立。若成立，输出“yes”，否则，输出“no”。

在大多数情况下，上述 SVP 的版本比较困难（安全强度较高，相应的参数设置较为苛刻），在实际的签名方案中，我们通常使用以下近似版本的 SVP 问题。

（1）Search SVP_γ（搜索版本的近似 SVP）：给定格 Λ，求得一个非零向量 $\boldsymbol{v} \in \Lambda$ 满足 $\|\boldsymbol{v}\| \leqslant \gamma\lambda_1$。

（2）Optimization SVP_γ（优化版本的近似 SVP）：给定格 Λ，寻找一个有理数 d 满足 $d \leqslant \lambda_1 \leqslant \gamma d$。

（3）Decisional SVP_γ（判定性版本的近似 SVP）：给定格 Λ 和一个实数 $r>0$，若 $\lambda_1<\gamma r$ 则输出“yes”，若 $\lambda_1 \geqslant \gamma r$ 则输出“no”。

然而，在实际的格公钥方案中，我们常将方案的安全性直接归约到小整数解问题 SIS（Small Integer Solution）和带误差的学习问题 LWE（Learning With Error）而非上述各类 SVP 问题。众所周知，SIS 问题和 LWE 问题存在以上 SVP 问题的合理归约，见文献［7］、［13］、［60］。

定义 2.11（小整数解问题） 已知随机矩阵 $\boldsymbol{A}\in\mathbb{Z}_q^{n\times m}$ 和实数 $\beta>0$，所谓的 SIS 问题就是求出一个向量 $\boldsymbol{v}$ 满足 $\boldsymbol{Av}=\boldsymbol{0}\ (\mathrm{mod}q)$ 且 $0<\|\boldsymbol{v}\|\leqslant\beta$。

定义 2.12（非齐次小整数解问题 ISIS） 已知随机矩阵 $\boldsymbol{A}\in\mathbb{Z}_q^{n\times m}$，非零向量 $\boldsymbol{u}\in\mathbb{Z}_q^{n}$ 和实数 $\beta>0$，所谓的 ISIS 问题就是求出一个向量 $\boldsymbol{v}$ 满足 $\boldsymbol{Av}=\boldsymbol{u}\mathrm{mod}q$ 且 $0<\|\boldsymbol{v}\|\leqslant\beta$。

定义 2.13（环上的小整数解问题 $\mathbf{R\text{-}SIS}_{q,m,\beta}^{\phi}$） 已知正整数 m，实数 β，多项式 $\phi\in R$ 以及环 $R_q=\mathbb{Z}_q[x]/(\phi)$ 上的 m 个随机独立的多项式 $a_1,\cdots,a_m$，环 R_q 上的与 $a_1,\cdots,a_m$ 相关的 SIS 问题即为寻找多项式 $t\in\boldsymbol{a}^{\perp}\backslash 0$ 满足 $\|t\|\leqslant\beta$。其中，集合 $\boldsymbol{a}^{\perp}=\left\{(t_1,\cdots,t_m)\in R^m\mid\sum_i t_i a_i=0(\mathrm{mod}q)\right\}$。

定义 2.14（NTRU 格上的 SIS 问题，即 $\mathbf{R\text{-}SIS}_{q,2,\beta}$） 已知正整数 n，实数 β，可逆多项式 $h\in R_q$ 以及 NTRU 格 $\Lambda_{h,q}$。则 NTRU 格 $\Lambda_{h,q}$ 上的 SIS 问题即为求得 $(z_1,\ z_2)$ 满足 $(z_1,\ z_2)\in\Lambda_{h,q}$ 且 $\|(z_1,\ z_2)\|\leqslant\beta$。

值得注意的是，$\mathrm{R\text{-}SIS}_{q,2,\beta}$ 为特殊的 R-SIS 问题，且由文献［58］的定理 4.2 可知 $\mathrm{R\text{-}SIS}_{q,2,\beta}$ 问题可以归约到 γ-Ideal-SVP 问题，其中 $\gamma=\tilde{O}(n\cdot s)$。故而，我们通常认为 NTRU 格上的 SIS 问题也是困难的。

定义 2.15（扩展的 NTRU 格上的 SIS 问题） 已知正整数 n 和 N，实数 β，小的可逆多项式 $h_i\in R_q$ 且 $1\leqslant i\leqslant N$。则扩展的 NTRU 格上的 SIS 问题即为求得 $(z_{i1},\ z_{i2})_{1\leqslant i\leqslant N}$ 满足 $\sum_{1\leqslant i\leqslant N}(z_{i1}+z_{i2}*h_i)=0\ (\mathrm{mod}q)$ 且 $0<\|(z_{i1},z_{i2})\|\leqslant\beta$。

定理 2.4 扩展的 NTRU 格上的 SIS 问题的困难性与 NTRU 格上的 SIS 问题的困难性等价。

证明：在该证明过程中，我们从两个方向论证，即由 NTRU 格上的 SIS 问题的解可以求得扩展的 NTRU 格上的 SIS 问题的解，由扩展的 NTRU 格上的 SIS 问题的解也能求得 NTRU 格上的 SIS 问题的解。

（1）若已经知道扩展 NTRU 格上 SIS 问题的一组解为 $(z_{i1},\ z_{i2})_{1\leqslant i\leqslant N}$，故而满足 $\sum_{1\leqslant i\leqslant N}(z_{i1}+z_{i2}*h_i)=\boldsymbol{0}\ (\mathrm{mod}q)$ 且 $0<\|(z_{i1},\ z_{i2})\|\leqslant\beta$。不妨令 $h_i=g_i/f_i$，可求得：

$$\prod_{2\leqslant j\leqslant N}f_j\sum_{1\leqslant i\leqslant N}(z_{i1}+z_{i2}*h_i)$$
$$=\prod_{2\leqslant j\leqslant N}f_j\sum_{1\leqslant i\leqslant N}z_{i1}+\sum_{2\leqslant i\leqslant N}(z_{i2}*g_i\prod_{2\leqslant j\leqslant N,\ j\neq i}f_j)+$$

$$(z_{12} * \prod_{2\leq j\leq N} f_j) * h_1$$
$$= \mathbf{0} \pmod q \tag{2-11}$$

由于 $\prod_{2\leq j\leq N} f_j \sum_{1\leq i\leq N} z_{i1}$，$\sum_{2\leq i\leq N}(z_{i2} * g_i \prod_{2\leq j\leq N, j\neq i} f_j)$ 和 $(z_{12} * \prod_{2\leq j\leq N} f_j) * h_1$ 均为小多项式，故而 $[(\prod_{2\leq j\leq N} f_j \sum_{1\leq i\leq N} z_{i1} + \sum_{2\leq i\leq N}(z_{i2} * g_i \prod_{2\leq j\leq N,\ j\neq i} f_j)),\ (z_{12} * \prod_{2\leq j\leq N} f_j)]$ 为格 $\Lambda_{h_1,q}$ 的一组解。

（2）若知道 NTRU 格 $\Lambda_{h_i,q}$ 上的 SIS 问题的解 $[z_{i1}, z_{i2}]$，故而 $z_{i1}+z_{i2} * h_i = \mathbf{0}$ $(\bmod q)$ 且 $0<\|(z_{i1},\ z_{i2})\|\leq\beta$。所以有 $\sum_{1\leq i\leq N}(z_{i1} + z_{i2} * h_i) = \mathbf{0} \pmod q$，$(z_{i1},\ z_{i2})_{1\leq i\leq N}$ 也为扩展 NTRU 格的一组解。

因而，这两个困难问题的困难性等价。

定义 2.16（判定性的带误差的学习问题 D-LWE） 已知 $\boldsymbol{a}\leftarrow\mathbb{Z}_q^n$，$s\leftarrow\mathbb{Z}_q^n$，$e\leftarrow\chi$（正态分布），计算 $\boldsymbol{a}^T\boldsymbol{s}+e$ 和分布 $A_{s,\chi}$：$(\boldsymbol{a},\ \boldsymbol{a}^T\boldsymbol{s}+e)$。判定性的 LWE 问题即为：区分器不能区分 $A_{s,\chi}$ 分布和 $\mathbb{Z}_q^n\times\mathbb{Z}_q$ 上的均匀分布。

格上困难问题之间的归约关系参见文献［61］。

2.3 数字签名

1976 年，Diffie 和 Hellman 在《密码学的新方向》[1] 一文中首次引入了数字签名的概念。数字签名以保证信息完整传输、验证发送者身份和防止交易中的抵赖为目的，因而在公钥密码中占据着不可替代的位置。1988 年，Goldwasser 等正式化了数字签名的定义。

2.3.1 数字签名的定义

定义 2.17（数字签名） 一个完整的数字签名方案通常包括以下 3 个多项式时间算法：

KeyGen：输入安全参数 n，系统运行该算法并输出系统的公共参数 PP，以及签名者的公私钥对 $(pk,\ sk)$。

Sign：输入系统公共参数 PP，消息 μ 以及签名人私钥 sk，系统运行该算法并输出一个关于消息 μ 的签名 sig。

Verify：给定签名人公钥 pk，消息 μ 以及签名 sig，算法输出“1”当且仅当 sig 是关于消息 μ 的合法签名。否则，输出为“0”。

定义 2.18（正确性） 签名的正确性是指：由签名算法得到的签名能够以压倒势的概率通过验证，即对于（PP，sk，pk）←**KeyGen**（n），sig←**Sign**（sk，μ），**Verify**（pk，μ，sig）能以极大的概率（近似为 1）输出“1”。

2.3.2 数字签名的安全性模型

按照安全强度的不同，数字签名方案通常分为存在性不可伪造和强不可伪造两种情况，本书我们主要讨论存在性不可伪造这种情况。

定义 2.19（存在性不可伪造） 定义 $\mathcal{A}$ 为任意的多项式时间敌手，$\mathcal{C}$ 为挑战者。若敌手 $\mathcal{A}$ 赢得以下交互游戏的概率是可忽略的，则我们称该数字签名方案在适应性选择消息攻击下是存在性不可伪造的。$\mathcal{C}$ 与 $\mathcal{A}$ 的交互游戏如下：

Setup：以安全参数 n 为输入，挑战者 $\mathcal{C}$ 运行 **KeyGen** 计算并输出 PP 和 pk。随后，$\mathcal{C}$ 将 PP 和 pk 发送给敌手 $\mathcal{A}$。

Sign Query：在该阶段，敌手 $\mathcal{A}$ 输入任意的消息 μ 对其做签名询问。挑战者 $\mathcal{C}$ 收到敌手 $\mathcal{A}$ 的签名询问后，计算并输出消息 μ 的签名 sig 并将其发送给敌手 $\mathcal{A}$。

Forgery：结束多项式次的签名询问后，敌手 $\mathcal{A}$ 输出一个关于消息 μ^* 的签名 sig^*。若 sig^* 是一个合法的伪造，即是指：

（1）**Verify**（PP，pk，μ^*，sig^*）$=1$，

（2）且敌手 $\mathcal{A}$ 从未询问过消息 μ^* 的签名。

若敌手 $\mathcal{A}$ 输出一个关于消息 μ^* 的一个合法伪造签名 sig^*，我们称敌手 $\mathcal{A}$ 赢得以上游戏。

若签名是强不可伪造的，即是指该签名方案可以保证即使敌手 $\mathcal{A}$ 得到了某个消息的合法签名，仍然不能伪造出有关该消息的新签名。关于此情况，本书在此不再赘述。

2.4 小结

本章我们介绍了之后章节将要用到的数学符号、基本概念、常用定义、关键技术以及一些引理和定理，为后续工作的展开奠定了坚实的基础。在本章中，我们首先介绍了一些常用的数学符号和定义；其次介绍了格上的一些基本概念、性质以及格上的各种技术；最后我们简单给出数字签名的定义以及安全性模型，便于读者更直观地理解后续各类数字签名方案。

第3章 NTRU格上基于身份的签名方案

数字签名是电子商务、电子政务、软件安全以及其他一些应用的基石。随着计算任务和计算流程的日益烦琐，数字签名的重要性愈发凸显出来。在最原始的模型里，数字签名系统中的每一个用户各自生成自己的公/私钥对，其中公钥用以验证用户的身份。在这种情况下，公钥基础设施以及证书的花费较大。为了避免公钥密码系统中烦琐的证书管理问题，1984 年 Shamir 引入了基于身份密码学的概念[62]。在基于身份的公钥密码系统中，用户的公钥是与其身份息息相关的特定值，例如电话号码、学号和身份证号等；用户的私钥由可信的私钥生成中心生成，从而简化了传统公钥密码系统中证书的处理过程。

自 1984 年基于身份的概念提出以来，各类基于身份的签名方案相继出现，大致可分为两个阶段：基于传统数论问题（离散对数）的身份基签名[63-70]，基于格的身份基签名。

1987 年，Desmedt 等提出了第一个实用的基于身份的签名方案[63]，但签名效率不甚令人满意。在随后的 4 年中，Tanaka[64]、Tsuji 和 Itoh[65] 以及 Maurer 和 Yacobi[66] 分别提出的身份基签名方案也都不能很好地提高签名方案的效率。2001 年，Boneh 等利用双线性对构造了第一个实用的身份基签名方案[67]。随后，高效、实用的身份基签名方案相继出现[68-70]。

1997 年，Shor 算法的提出预示着传统的数论问题（离散对数问题、大整数分解问题）会随着量子计算机的出现不再困难。纵观近几年量子计算机的发展状况[71]，量子计算机的大规模实现已指日可待。寻找量子计算环境下安全的身份基签名方案已势在必行。

2010 年，Rückert 利用 Cash 等提出的格基委派技术设计了基于格的身份基签名方案[16]。随后，Tian 和 Liu 分别基于抛弃采样技术和 Cash 等提出的格基委派技术构造了几个基于身份的格基数字签名方案[72-74]。然而这些方案都是基于普通格并且大多采用了格上的委派技术，因此需要较多的计算和通信开销，效率较低。

为了提高格上身份基签名方案的效率，本书在 3.1.1 节将抛弃采样技术应用到 NTRU 格中，构造了 NTRU 格上基于身份的签名方案。该方案相较于之前的格上身份基签名方案，需要更少的计算和通信开销，具有更高的效率，更实用。随后我们在 3.2 节将消息恢复功能添加到身份基签名方案中，提出了 NTRU 格上身份基消息恢复签名，该方案相较于前者效率更高。

3.1 身份基签名方案

定义 3.1（身份基签名方案） 一个完整的身份基签名方案由以下 5 个多项式时间算法构成，系统建立算法 **Setup**，主密钥生成算法 **Master_Keygen**，用户私钥提取算法 **Extract**，签名算法 **Sign** 和验证算法 **Verify**。

Setup：输入安全参数 n，密钥生成中心（KGC）运行该算法生成并输出系统公共参数 PP。

Master_Keygen：输入公共参数 PP，KGC 运行该算法输出主公钥（MPK）/主私钥（MSK）。

Extract：以系统公共参数 PP，用户身份 id 和主私钥 MSK 为输入，KGC 运行该算法输出用户私钥 SK_{id}。

Sign：身份为 id 的用户对消息 μ 进行签名时，以消息 μ、私钥 SK_{id} 和公共参数 PP 为输入，用户运行该算法输出相应签名 sig。

Verify：以公共参数 PP，消息 μ、签名 sig 和身份 id 为输入，当 sig 为有效签名时该算法输出“1”，否则，输出“0”。

定义 3.2（正确性） 若（PP，MSK）←**Setup**（n），对任意的用户（身份为 id）和消息 μ，有 SK_{id}←**Extract**（PP，id，MSK），sig←**Sign**（PP，id，SK_{id}，μ），该身份基签名方案满足正确性是指 **Verify**（PP，id，sig，μ）能以压倒势的概率输出“1”。

定义 3.3（不可伪造性） 方案在适应性选择身份和选择消息攻击下存在不可伪造性是指：对于任意多项式时间的敌手 $\mathcal{A}$，赢得以下游戏的概率是可忽略的。敌手 $\mathcal{A}$ 跟挑战者 C 的交互游戏如下：

系统建立阶段（Setup Phase）：输入安全参数 n，挑战者 C 运行 **Setup**（n）生成系统公开参数 PP，并将 PP 发送给敌手 $\mathcal{A}$。

主密钥生成阶段（Master_Keygen Phase）：输入系统公开参数 PP，挑战者运行 **Master_Keygen**（PP）生成系统主公钥 MPK 和主私钥 MSK。随后，挑战者将主公钥 MPK 发送给敌手，但主私钥 MSK 自己私有。

询问阶段（Query Phase）：敌手 $\mathcal{A}$ 可适应性地做以下询问。

（1）**提取询问（Extract query）**：当敌手 $\mathcal{A}$ 发送身份 id 做提取询问时，挑战者 C 运行 **Extract**（PP，id，MSK）得到身份为 id 的用户的签名密钥 SK_{id}，随后将其发送给敌手 $\mathcal{A}$。

（2）**签名询问（Sign query）**：当敌手 $\mathcal{A}$ 发送身份 id 和消息 μ 做签名询问时，挑战者调用身份 id 的签名密钥用以进行签名运算 **Sign**（PP，id，SK_{id}，μ）$\rightarrow sig$，并将 sig 发送给敌手 $\mathcal{A}$。

伪造阶段（Forgery Phase）：多项式时间的询问结束以后，敌手 $\mathcal{A}$ 利用自己获取的知识伪造出身份 id^* 用户对消息 μ^* 的签名 sig^*。

若签名 sig^* 满足以下条件，我们说敌手 $\mathcal{A}$ 赢得以上交互游戏。

（1）**Verify**（PP，id^*，sig^*，μ^*）输出为“1”；

（2）敌手 $\mathcal{A}$ 未对身份 id^* 进行过私钥提取询问；

（3）敌手 $\mathcal{A}$ 未对（id^*，μ^*）做过签名询问。

3.1.1　NTRU 格上基于身份的签名方案

本节给出一个 NTRU 格上的身份基签名方案，其中所需参数为：安全参数 n，素数 $q=\text{poly}(n)$，正整数 k、k_q 和 λ，高斯参数 $s=\widetilde{\Omega}(n^{3/2}\sigma)$ 和 $\hat{\sigma}=12\lambda sn$。其中，当 $k_q=n$ 时，高斯参数 $\sigma=n\sqrt{\ln(8nq)}\cdot q^{1/2+\varepsilon}$，并且 $q^{1/2-\varepsilon}=\widetilde{\Omega}(n^{7/2})$；当 $k_q=2$ 时，高斯参数 $\sigma=\sqrt{n\ln(8nq)}\cdot q^{1/2+\varepsilon}$，而 $q^{1/2-\varepsilon}=\widetilde{\Omega}(n^3)$。方案的具体描述如下。

Setup：输入安全参数 n，KGC 进行以下操作：

（1）选择两个哈希函数 H：$\{0,1\}^*\rightarrow\mathbb{Z}_q^n$ 和 H'：$\{0,1\}^*\rightarrow\{\boldsymbol{v}:\boldsymbol{v}\in\{-1,0,1\}^k,\ \|\boldsymbol{v}\|_1\leqslant\lambda\}$。其中，定义 H' 的值域为 $D_{H'}=\{\boldsymbol{v}:\boldsymbol{v}\in\{-1,0,1\}^k,\ \|\boldsymbol{v}\|_1\leqslant\lambda\}$。

（2）输出系统公共参数 $PP=\{H, H'\}$。

Master_Keygen：输入系统公共参数 PP，KGC 运行 NTRU 格上的陷门生成算法生成主私钥 $MSK=B=\begin{pmatrix} \boldsymbol{C}(f) & \boldsymbol{C}(g) \\ \boldsymbol{C}(F) & \boldsymbol{C}(G) \end{pmatrix}$，主公钥 $MPK=h=g/f\in R_q^{\times}$。

Extract：输入 PP，MPK 和用户身份 id，KGC 运行如下：

（1）计算 $t=H(id)$；

（2）运行高斯采样算法得 $(s_1,s_2)=(t,0)-\mathrm{SampleD}(\boldsymbol{B},s,(t,0))$，其中 s_1 和 s_2 满足 $\{s_1+s_2*h=t\}$；

（3）输出签名私钥 $SK_{id}=(s_1, s_2)$。

Sign：输入公共参数 PP，消息 $\mu\in\{0, 1\}^*$，用户身份 id，用户按如下方式签名：

（1）选择多项式 y_1，$y_2\in D_{\hat{\sigma}}^n$；

（2）计算 $u=H'(y_1+h*y_2, \mu)$；

（3）对 $i=1$，2，计算 $z_i=y_i+s_i*u$；

（4）以概率 $\min(\frac{D_{\hat{\sigma}}^n(z_i)}{MD_{s_iu,\hat{\sigma}}^n(z_i)},1)$ 输出签名 $sig=(z_1, z_2, u)$，其中 $M=O(1)$。

Verify：输入签名 sig、消息 μ 和身份 id，验证者输出"1"当且仅当，

（1）$H'(h*z_2+z_1-H(id)*u, \mu)=u$；

（2）$\|(z_1, z_2)\|\leqslant 2\hat{\sigma}\sqrt{2n}$。

定理 3.1 由以上方案得到的签名方案满足正确性。

证明：参看 **Sign** 阶段，我们得知：

$$\begin{aligned} & h*z_2+z_1-H(id)*u \\ &=h*(y_2+s_2*u)+(y_1+s_1*u)-t*u \\ &=h*(y_2+s_2*u)+(y_1+s_1*u)-(s_2*h+s_1)*u \\ &=y_1+y_2*h \end{aligned} \tag{3-1}$$

所以，有 $H'(h*z_2+z_1-H(id)*u,\mu)=H'(y_1+y_2*h)=u$，即条件（1）满足。根据抛弃采样技术以及引理 2.7、引理 2.8 和引理 2.9 可知，z_1，z_2 以至少 $1-2^{-\omega(\log 2n)}$ 的概率满足 $\|z_1\|\leqslant 2\hat{\sigma}\sqrt{n}$，$\|z_2\|\leqslant 2\hat{\sigma}\sqrt{n}$。所以，$\|(z_1, z_2)\|$ 以压倒势的概率满足 $\|(z_1,z_2)\|\leqslant 2\hat{\sigma}\sqrt{2n}$，故条件（2）也成立。因而，我们可以得出以上 NTRU 格上的身份基签名方案满足正确性。

3.1.2 安全性分析

在本节，我们证明以上提出的 NTRU 格上的身份基签名方案在随机预言机模型下是存在性不可伪造的，能够抵抗适应性选择消息和选择身份攻击。

定理 3.2 假定环上的小整数解（R-SIS）问题是困难的，那么，上节提出的 NTRU 格上的身份基签名方案面对适应性选择消息和选择身份攻击在随机预言机模型下是存在性不可伪造的。

证明：假定存在一个敌手 $\mathcal{A}$（能够进行多项式次的询问）能以不可忽略的概率 ε 攻破以上身份基签名方案，那么，我们可以通过调用敌手 $\mathcal{A}$ 构造出一个多项式时间算法 C 同样以不可忽略的概率求解 R-SIS 问题。C 与 $\mathcal{A}$ 的具体交互过程如下：

系统建立（Setup）：输入安全参数 n，C 首先随机选择两个哈希函数 H：$\{0, 1\}^* \to \mathbb{Z}_q^n$ 和 H'：$\{0, 1\}^* \to \{\boldsymbol{v}: \boldsymbol{v} \in \{-1, 0, 1\}^k, \|\boldsymbol{v}\|_1 \leqslant \boldsymbol{\lambda}\}$。然后，$C$ 发送公共参数 $PP = \{H, H'\}$ 给 $\mathcal{A}$。

主密钥生成（Master_Keygen）：输入公共参数 PP，挑战者随机选择一个多项式 $h \in R_q^{\times}$ 作为主公钥 MPK。随后，挑战者将主公钥 $h \in R_q^{\times}$ 发送给敌手。

询问（Query）：敌手适应性地做以下询问。不失一般性地，假定敌手 $\mathcal{A}$ 在做其他询问前需要首先对身份 id 进行 H 询问。

（1）H 询问：C 维持一个列表 ID-list$=\{id, H(id), SK_{id}\}$，初始为空。当敌手 $\mathcal{A}$ 发送身份 id 做 H 询问时，算法 C 在列表 ID-list 中查找 id。若能找到，C 返回 $H(id)$ 给敌手 $\mathcal{A}$。否则，C 均匀随机选择多项式 s_1，$s_2 \in D_s^n$。然后 C 计算 $H(id) = s_1 + h * s_2$ 并且存储 $\{id, H(id), SK_{id} = (s_1, s_2)\}$ 到 ID-list。最后，C 发送 $H(id)$ 给敌手 $\mathcal{A}$。

（2）Extract 询问：当敌手 $\mathcal{A}$ 发送身份 id 给 Extract Oracle 做密钥提取询问时，算法 C 在列表 ID-list 中查找 id 并发送相应的 SK_{id} 给敌手 $\mathcal{A}$。

（3）Sign 询问：C 维持一个初始为空的列表 SIG-list。为了得到用户 id 对消息 μ 的签名，敌手 $\mathcal{A}$ 发送 (id, μ) 做签名询问。接收到询问之后，算法 C 首先查找列表 ID-list 得到相应的 SK_{id}，然后随机选择多项式 y_1，$y_2 \in D_\sigma^n$ 以及多项式 $u \in D_H{}'$，且令 $u = H'(y_1 + h * y_2, \mu)$。紧接着，对 $i=1,2$，C

计算 $z_i = y_i + s_i * u$，得到签名 $sig = (z_1, z_2, u)$。最后，C 存储 $\{sig = (z_1, z_2, u), id, \mu, y_1, y_2\}$ 在 SIG-list 列表中并发送 sig 给敌手 $\mathcal{A}$。

（4）H'询问：当敌手 $\mathcal{A}$ 发送（μ，y_1，y_2）做 H'询问时，C 在列表 SIG-list 中查找（μ，y_1，y_2），并将其对应的多项式 u 发送给敌手 $\mathcal{A}$。

伪造（Forgery）：结束多项式次的以上询问，敌手 $\mathcal{A}$ 以不可忽略的概率输出关于（id^*，μ^*）的伪造签名 $sig^* =$（z_1^*，z_2^*，u^*）。

根据一般分叉引理[75]，敌手 $\mathcal{A}$ 以不可忽略的概率输出关于(id^*, μ^*)的新的伪造签名 $sig' = (z'_1, z'_2, u')$，使得 $u^* \neq u'$ 且 $z_1^* + z_2^* * h - H(id^*) u^* = z'_1 + z'_2 * h - H(id^*) u' = y_1^* + h * y_2^*$，因而 $[z_1^* - z'_1 - s_1^*(u^* - u')] + [z_2^* - z'_2 + s_2^*(u^* - u')] * h = 0$。由引理 2.7 和引理 2.8 可知，以压倒势的概率有 $\| z_1^* - z'_1 - s_1^*(u^* - u') \| \leqslant \| z_1^* \| + \| z'_1 \| + \| s_1^* u^* \| + \| s_1^* u' \| \leqslant (4\hat{\sigma} + 2\lambda s)\sqrt{n}$，$\| z_2^* - z'_2 + s_2^*(u^* - u') \| \leqslant \| z_2^* \| + \| z'_2 \| + \| s_2^* u^* \| + \| s_2^* u' \| \leqslant (4\hat{\sigma} + 2\lambda s)\sqrt{n}$。

根据 NTRU 格上陷门函数的原像最小熵性质可知，以大概率存在一个新的签名密钥 $SK'_{id^*} = (s'_1, s'_2)$ 使得除第 i 个系数以外与(s_1^*, s_2^*)完全相同，且有 $s'_1 + s'_2 * h = H(id^*)$。若 $s'_1 \neq s_1^*$ 则有 $[z_1^* - z'_1 - s_1^*(u^* - u')] - [z_1^* - z'_1 - s'_1(u^* - u')] = (s'_1 - s_1^*)(u^* - u') \neq 0$。所以若 $z_1^* - z'_1 - s'_1(u^* - u') = 0$，则 $z_1^* - z'_1 - s_1^*(u^* - u') \neq 0$。同理，若 $s'_2 \neq s_2^*$ 则有 $[z_2^* - z'_2 - s_2^*(u^* - u')] - [z_2^* - z'_2 - s'_2(u^* - u')] = (s'_2 - s_2^*)(u^* - u') \neq 0$。所以，如果 $z_2^* - z'_2 - s'_2(u^* - u') = 0$，则 $z_2^* - z'_2 - s_2^*(u^* - u') \neq 0$。综合以上两种情况可得，$([z_1^* - z'_1 - s_1^*(u^* - u')], [z_2^* - z'_2 + s_2^*(u^* - u')]) \neq 0$ 以至少 0.75 的概率成立。

故而，当 $\beta \geqslant (4\hat{\sigma} + 2\lambda s)\sqrt{2n}$ 时，我们称（$[z_1^* - z'_1 - s_1^*(u^* - u')]$，$[z_2^* - z'_2 + s_2^*(u^* - u')]$）为该 NTRU 格上的 SIS 问题的解。

3.1.3 效率分析

目前已知的格上较为高效的基于身份的签名方案都是在随机预言机模型下提出的，较为著名的有文献［16］和［74］中的方案。

表 3-1 中我们比较了 3.1.1 节中方案与以上两个方案的通信开销。其中，c 为方案中身份的比特长度，k 和 λ 为正整数，m 为大于 $5n \log q$ 的正整数，高斯参数 $\bar{s} = \hat{s}\sqrt{(c+1)m}\,\omega(\sqrt{\log n})$，$\hat{s} = \sqrt{m}\,\omega(\sqrt{\log n})$，$\sigma' = 12\hat{s}\lambda m$，$\hat{\sigma} =$

$12\lambda sn, s=n^{5/2}\sqrt{2q}\,\omega(\sqrt{\log n})$。

表 3-1　现存格上基于身份签名方案的效率比较

方案	签名密钥尺寸（比特）	签名尺寸（比特）
文献［16］中的方案	$m(c+1)^2\log(\bar{s}\sqrt{(c+1)m})$	$m(c+1)\log(\bar{s}\sqrt{(c+1)m})+n$
文献［74］中的方案	$mk\log(\hat{s}\sqrt{m})$	$m\log(12\sigma')+k(\log\lambda+1)$
我们的方案	$2n\log(s\sqrt{n})$	$2n\log(12\hat{\sigma})+n(\log\lambda+1)$

由于参数 $\bar{s}=\hat{s}\sqrt{(c+1)m}\,\omega(\sqrt{\log n})$，由表 3-1 容易看出，文献［74］的密钥尺寸和签名尺寸均小于文献［16］中的密钥尺寸和签名尺寸。但是当我们将 3.1.1 节方案的密钥尺寸和签名尺寸与文献［74］的尺寸相比时，由于选用的参数 $\hat{s}$ 和 s 不存在直接的倍数关系，因而，尺寸比较结果不明显。

为了更直观地比较文献［74］和 3.1.1 节方案的签名密钥尺寸和签名尺寸，我们在表 3-2 中列出了具体实例下的两个方案的密钥尺寸和签名尺寸的对比。

表 3-2　文献［74］中方案与 3.1.1 中方案在具体实例下的尺寸对比

	实例 1	实例 2	实例 3	实例 4	实例 5
N	512	512	512	512	512
q	2^{27}	2^{25}	2^{33}	2^{18}	2^{26}
k	80	512	512	512	512
λ	28	14	14	14	14
［74］中方案私钥尺寸（比特）	97662557	575102845	776460530	402892589	600035269
3.1.1 中方案私钥尺寸（比特）	38999	37975	42071	34391	38487
［74］中方案签名尺寸（比特）	2604731	2339160	805029461	1652126	2438277
3.1.1 中方案签名尺寸（比特）	54237	51677	55773	48093	52189

由表 3-2 我们不难看出，相较于文献［74］中的方案，3.1.1 中签名方案的签名密钥尺寸和签名尺寸更小，因而，我们有理由认为新方案的效率较高并且通信开销较低。

从计算复杂度的角度来看，3.1.1 中方案和文献［74］方案的签名和验证过程仅仅需要矩阵—向量的乘法，而文献［16］方案的签名和验证过程却需要更为复杂的原像采样算法，因而，新方案和文献［74］方案的计算效率较高。

综上所述，我们认为新方案的整体效率较高，因而新方案更加高效、实用。

3.2 身份基消息恢复签名

基于上节提出的 NTRU 格上高效的身份基签名方案，我们在本节将其拓展为 NTRU 格上允许消息恢复的身份基签名方案。身份基消息恢复签名顾名思义就是指验证者可以根据签名以及部分消息（将签名中嵌入的部分消息除外）恢复出被签名的消息。这种签名最早是由 Zhang[76] 等提出来的，由于不必发送完整的消息给验证者，故而降低了身份基签名的通信开销。根据消息恢复程度的不同，可以将身份基消息恢复签名方案分为身份基消息完全恢复签名和身份基消息部分恢复签名两种。身份基消息完全恢复签名中待签名消息可以完全被嵌入到签名中，而在身份基消息部分恢复签名中我们只能将部分消息嵌入到签名中而剩余部分的消息必须要另外传送给验证者。

3.2.1 身份基消息恢复签名的定义及安全性模型

本节我们给出身份基消息恢复签名的定义及其安全性模型。其中当 $\mu_2 = \perp$ 时，方案为身份基消息完全恢复签名；当 $\mu_2 \neq \perp$ 时，方案为身份基消息部分恢复签名。

定义 3.4（身份基消息恢复签名）　一个完整的身份基消息恢复签名方案通常由 5 个多项式时间算法构成：系统建立算法 **Setup**，主密钥生成算法 **Master_Keygen**，用户私钥提取算法 **Extract**，签名算法 **Sign** 和验证算法 **Verify**。

Setup：输入安全参数 n，KGC 运行该随机化算法输出系统公共参

数 PP。

Master_Keygen：输入公共参数 PP，KGC 运行该算法输出主公钥（MPK）/主私钥（MSK）。

Extract：以系统公共参数 PP，用户身份 id 和主私钥 MSK 为输入，KGC 运行该算法输出用户私钥 SK_{id}。

Sign：身份为 id 的用户对消息 μ 进行签名时，以消息 μ、私钥 SK_{id} 和公共参数 PP 为输入，用户运行该算法输出相应签名 sig 和部分消息 μ_2。若消息 μ 能被完全嵌入到签名中，则 μ_2 为空，记作 $\mu_2=\perp$。

Verify：以公共参数 PP，部分消息 μ_2、签名 sig 和身份 id 为输入，当 sig 为有效签名时该算法输出"1"，否则，输出"0"。

定义 3.5（正确性）　若（PP，MSK）←**Setup**（n），对任意的用户（身份为 id）和消息 μ，有 SK_{id}←**Extract**（PP，id，MSK），（sig，μ_2）←**Sign**（PP，id，SK_{id}，μ），该身份基签名方案满足正确性是指算法 **Verify**（PP，id，sig，μ_2）能以压倒势的概率输出"1"。

定义 3.6（不可伪造性）　在适应性选择身份和选择消息攻击下方案的存在性不可伪造性是指：任意多项式时间的敌手 $\mathcal{A}$ 只能以可忽略的概率赢得以下游戏。敌手 $\mathcal{A}$ 跟挑战者 C 的交互游戏如下：

系统建立阶段（Setup Phase）：输入安全参数 n，挑战者 C 运行 **Setup**（n）生成系统公开参数 PP，并将 PP 发送给敌手 $\mathcal{A}$。

主密钥生成阶段（Master_Keygen Phase）：输入系统公开参数 PP，挑战者运行 **Master_Keygen**（PP）生成系统主公钥 MPK 和主私钥 MSK。随后，挑战者将主公钥 MPK 发送给敌手，但主私钥 MSK 自己保留。

询问阶段（Query Phase）：敌手 $\mathcal{A}$ 可适应性地做以下询问。

（1）**提取询问（Extract query）**：当敌手 $\mathcal{A}$ 发送身份 id 做提取询问时，挑战者运行 **Extract**（PP，id，MSK）输出身份为 id 的用户的签名密钥 SK_{id}，并将其发送给敌手 $\mathcal{A}$。

（2）**签名询问（Sign query）**：当敌手 $\mathcal{A}$ 发送身份 id 和消息 μ 做签名询问时，挑战者调用身份 id 的签名密钥用以进行签名运算 **Sign**(PP，id，SK_{id}，μ)→(sig,μ_2)，并将（sig，μ_2）发送给敌手 $\mathcal{A}$。

伪造阶段（Forgery Phase）：多项式时间的询问结束以后，敌手 $\mathcal{A}$ 利用自己通过以上询问所获取的知识伪造出身份为 id^* 的用户对消息 μ^* 的签名

sig^*。当我们称敌手 $\mathcal{A}$ 赢得以上交互游戏时，通常指的是伪造签名（sig^*，μ_2^*）满足：

（1）**Verify**（PP，id^*，sig^*，μ_2^*）输出为“1”；

（2）敌手 $\mathcal{A}$ 未对身份 id^* 做过私钥提取询问；

（3）敌手 $\mathcal{A}$ 未对（id^*，μ^*）做过签名询问。

3.2.2 NTRU 格上身份基消息恢复签名

本节给出 NTRU 格上的身份基消息恢复签名方案，其中所需参数为：安全参数 n，素数 $q=\text{poly}(n)$，正整数 k,k_q,l_1,l_2 和 λ，高斯参数 $s=\widetilde{\Omega}(n^{3/2}\sigma)$ 和 $\sigma'=12\lambda sn$。其中，当 $k_q=n$ 时，高斯参数 $\sigma=n\sqrt{\ln(8nq)}\cdot q^{1/2+\varepsilon}$，并且 $q^{1/2-\varepsilon}=\widetilde{\Omega}(n^{7/2})$；当 $k_q=2$ 时，高斯参数 $\sigma=\sqrt{n\ln(8nq)}\cdot q^{1/2+\varepsilon}$，而 $q^{1/2-\varepsilon}=\widetilde{\Omega}(n^3)$。方案的具体描述如下。

Setup：输入安全参数 n，KGC 进行以下操作：

（1）选择五个哈希函数 H：$\{0,1\}^*\to\mathbb{Z}_q^n$，$H_1$：$\mathbb{Z}_q^n\to\{0,1\}^{l_1+l_2}$，$H_2$：$\{0,1\}^*\to\{\boldsymbol{v}:\boldsymbol{v}\in\{-1,0,1\}^k,\|\boldsymbol{v}\|_1\leqslant\lambda<<q\}$，$F_1$：$\{0,1\}^{l_2}\to\{0,1\}^{l_1}$，$F_2$：$\{0,1\}^{l_1}\to\{0,1\}^{l_2}$。

（2）输出系统公共参数 $PP=\{H,H_1,H_2,F_1,F_2\}$。

Master_Keygen：输入系统公共参数 PP，KGC 运行 NTRU 格上的陷门生成算法生成主私钥 $MSK=B=\begin{pmatrix}\boldsymbol{C}(f) & \boldsymbol{C}(g)\\ \boldsymbol{C}(F) & \boldsymbol{C}(G)\end{pmatrix}$，主公钥 $MPK=h=g/f\in R_q^{\times}$。

Extract：输入 PP，MPK 和用户身份 id，KGC 运行如下：

（1）计算 $t=H(id)$。

（2）运行 NTRU 格上的原像采样算法 SamplePre（$\boldsymbol{B}$，s，（t，$\boldsymbol{0}$））得（s_1，s_2），（s_1，s_2）满足$\{s_1+s_2*h=t\}$。

（3）输出签名私钥 $SK_{id}=(s_1,s_2)$。

Sign：输入公共参数 PP，消息 $\mu\in\{0,1\}^*$，用户身份 id，用户按如下方式签名。

（1）首先将消息 μ 分为两个部分，即 $\mu=\mu_1\mid\mu_2$，其中 μ_1 长度为 l_2，若

$|\mu|\leqslant l_2$，$\mu_2=\perp$。

（2）计算 $\mu'_1=F_1(\mu_1)\mid(F_2(F_1(\mu_1))\oplus\mu_1)$。

（3）选择多项式 y_1，$y_2\in D^n_{\sigma'}$并计算 $r=H_1(y_1+h*y_2)\oplus\mu'_1$。

（4）计算 $u=H_2(r,\mu_2)$。

（5）对 $i=1$，2，计算 $z_i=y_i+s_i*u$。

（6）以概率 $\min\left(\frac{D^n_\sigma(z_i)}{MD^n_{s_iu,\sigma'}(z_i)},1\right)$ 输出签名 $sig=(z_1,z_2,r)$，其中 $M=O(1)$。

Verify：输入签名 sig、消息 μ_2 和身份 id，验证者输出“1”当且仅当：

（1）计算 $\mu'_1=r\oplus H_1(z_1+z_2*h-H(id)*H_2(r,\mu_2))$；

（2）恢复出 $\mu_1=[\mu'_1]_{l_2}\oplus F_2([\mu'_1]^{l_1})$，所以 $\mu=\mu_1\mid\mu_2$；

（3）$\|(z_1,z_2)\|\leqslant 2\sigma'\sqrt{2n}$。

消息恢复算法输出“1”当且仅当 $F_1(\mu_1)=[\mu'_1]^{l_1}$。

定理 3.3（正确性）　根据以上的构造，我们得知：

$$
\begin{aligned}
&z_1+hz_2-H(id)H_2(r,\mu_2)\\
&=s_1u+y_1+h(s_2u+y_2)-H(id)H_2(r,\mu_2)
\end{aligned}
\tag{3-2}
$$

又由于 $s_1+s_2*h=H(id)$，可得：

$$
\begin{aligned}
&z_1+h*z_2-H(id)H_2(r,\mu_2)\\
&=s_1u+y_1+h*(s_2u+y_2)-H(id)u\\
&=y_1+h*y_2
\end{aligned}
\tag{3-3}
$$

所以，$\mu'_1=r\oplus H_1(y_1+y_2*h)=r\oplus H_1(z_1+h*z_2-H(id)H_2(r,\mu_2))$ 成立。因为 $\mu'_1=F_1(\mu_1)\mid(F_2(F_1(\mu_1))\oplus\mu_1)$，所以有 $\mu_1=[\mu'_1]_{l_2}\oplus F_2([\mu'_1]^{l_1})$。并且有 $F_1(\mu_1)=[\mu'_1]^{l_1}$。根据引理 2.7 和引理 2.8，我们可知以压倒势的概率使得 $\|(z_1,z_2)\|\leqslant 2\sigma'\sqrt{2n}$。

3.2.3　安全性分析

定理 3.4（不可伪造性）　如果环上的小整数解问题（R-SIS）是困难的，那么，3.2.1 小节提出的 NTRU 格上的身份基消息恢复签名在随机预言机模型下是存在性不可伪造的，能够抵抗适应性选择消息攻击和选择身份攻击。

证明：假设敌手 $\mathcal{A}$ 能够进行多项式次的询问，且能以不可忽略的概率攻破以上方案，那么我们可以利用敌手 $\mathcal{A}$ 构造出一个多项式时间算法 C，算法 C 同样能以不可忽略的概率解决 R-SIS 问题。$\mathcal{A}$ 和 C 的具体交互过程如下：

系统建立（Setup）：输入安全参数 n，算法 C 首先随机选择五个哈希函数 H: $\{0,1\}^* \to \mathbb{Z}_q^{n\times k}$, H_1: $\mathbb{Z}_q^n \to \{0,1\}^{l_1+l_2}$, H_2: $\{0,1\}^* \to \{\boldsymbol{v}: \boldsymbol{v} \in \{-1,0,1\}^k, \|\boldsymbol{v}\|_1 \leqslant \lambda << q\}$, F_1: $\{0,1\}^{l_2} \to \{0,1\}^{l_1}$, F_2: $\{0,1\}^{l_1} \to \{0,1\}^{l_2}$。然后算法 C 发送系统公共参数 $PP=\{H, H_1, H_2, F_1, F_2\}$ 给敌手 $\mathcal{A}$。

主密钥生成（Master_Keygen）：输入公共参数 PP，挑战者随机选择一个多项式 $h \in R_q^\times$ 作为主公钥 MPK。随后，挑战者将主公钥 $h \in R_q^\times$ 发送给敌手。

询问（Query）：敌手适应性地做以下询问。不失一般性地，假定敌手 $\mathcal{A}$ 在做其他询问前需要先对身份 id 进行 H 询问。

（1）H 询问：C 维持一个列表 ID-list$=\{id, H(id), SK_{id}\}$，初始为空。当敌手 $\mathcal{A}$ 发送身份 id 做 H 询问时，算法 C 在表 ID-list 中查找 id。若能找到，C 返回 $H(id)$ 给敌手 $\mathcal{A}$。否则，C 均匀随机选择 s_1，$s_2 \in D_s^n$。然后 C 计算 $H(id)=s_1+h*s_2$ 并且存储$\{id, H(id), SK_{id}=(s_1,s_2)\}$到 ID-list。最后，C 发送 $H(id)$ 给敌手 $\mathcal{A}$。

（2）H_1 询问：C 维持一个初始为空的列表 H_1-list。输入 $\hat{y}=(y_1+h*y_2)$，算法 C 首先检查 $\hat{y}$ 是否已经存在在 H_1-list 列表中。若已经存在，C 输出相应的 r 给敌手 $\mathcal{A}$。否则，C 随机选择 $r \in \{0, 1\}^{l_1+l_2}$ 并存储（$\hat{y}$, r）到 H_1-list 列表。最后，C 发送相应的 r 给敌手 $\mathcal{A}$。

（3）F_1 询问：C 维持一个初始为空的列表 F_1-list。输入 μ_1，算法 C 首先检查 μ_1 是否已经存在 F_1-list 列表中。若已经存在，C 输出相应的 α 给敌手 $\mathcal{A}$。否则，C 随机选择 $\alpha \in \{0, 1\}^{l_1}$ 并存储（μ_1, α）到 F_1-list 列表。最后，C 发送相应的 α 给敌手 $\mathcal{A}$。

（4）F_2 询问：C 维持一个初始为空的列表 F_2-list。输入 α，算法 C 首先检查 α 是否已经存在 F_2-list 列表中。若已经存在，C 输出相应的 β 给敌手 $\mathcal{A}$。否则，C 随机选择 $\beta \in \{0, 1\}^{l_2}$ 并存储（α, β）到 F_2-list 列表。最后，C 发送相应的 β 给敌手 $\mathcal{A}$。

（5）Extract 询问：当敌手 $\mathcal{A}$ 发送身份 id 给 Extract Oracle 做密钥提取询

问时，算法 C 在列表 H-list 中查找 id 并发送相应的 SK_{id} 给敌手 $\mathcal{A}$。

（6）H_2 询问：C 维持一个初始为空的 $H_2-\text{list}=\{r,\mu_2,u\}$。输入（$r$，$\mu_2$），算法 C 首先检查（r，μ_2）是否已经存在在 H_2-list 列表中。若已经存在，C 输出相应的 u 给敌手 $\mathcal{A}$。否则，C 随机在值域 $D_{H_2}:\{\boldsymbol{v}:\boldsymbol{v}\in\{-1,0,1\}^k,\|\boldsymbol{v}\|_1\leqslant\lambda\}$ 里选择多项式 u，然后存储（r，μ_2，u）到 H_2-list 列表。最后，C 发送相应的 u 给敌手 $\mathcal{A}$。

（7）Sign 询问：C 维持一个初始为空的列表 SIG-list。为了得到用户 id 对消息 μ 的签名，敌手 $\mathcal{A}$ 发送（id，μ）做签名询问，算法 C 首先查找列表 ID-list 得到相应的 SK_{id}，然后随机选择 y_1，$y_2\in D_\sigma^{n}{}'$，紧接着 C 运行 **Sign** 算法得到签名（（z_1，z_2），r，μ_2）＝**Sign**（id，μ）。最后，挑战者 C 存储 $\{sig=((z_1,z_2),r,\mu_2),id,\mu,y_1,y_2\}$ 到 SIG-list 列表中并发送 sig 给敌手 $\mathcal{A}$。

伪造（Forgery）： 结束多项式次的以上询问，敌手 $\mathcal{A}$ 以不可忽略的概率输出关于（id^*，μ^*）的伪造签名 $sig^*=((z_1^*,z_2^*),r^*,\mu_2^*)$。

根据一般分叉引理[75]，敌手 $\mathcal{A}$ 以不可忽略的概率输出（id^*，μ^*）的新的伪造签名 $sig'=((z'_1,z'_2),r^*,\mu_2^*)$，使 $z_1^*+z_2^**h-H(id^*)u^*=z'_1+z'_2*h-H(id^*)u'=y_1^*+h*y_2^*$，$u^*\neq u'$。因而 $[z_1^*-z'_1-s_1^*(u^*-u')]+[z_2^*-z'_2+s_2^*(u^*-u')]*h=0$。再由引理 2.7 和引理 2.8 可知，不等式 $\|z_1^*-z'_1-s_1^*(u^*-u')\|\leqslant\|z_1^*\|+\|z'_1\|+\|s_1^*u^*\|+\|s_1^*u'\|\leqslant(4\sigma'+2\lambda s)\sqrt{n}$ 和不等式 $\|z_2^*-z'_2+s_2^*(u^*-u')\|\leqslant\|z_2^*\|+\|z'_2\|+\|s_2^*u^*\|+\|s_2^*u'\|\leqslant(4\sigma'+2\lambda s)\sqrt{n}$ 以压倒势的概率成立。

根据 NTRU 格上陷门函数的原像最小熵性质可知，以大概率存在一个新的签名密钥 $SK'_{id^*}=(s'_1,s'_2)$ 使得除第 i 个系数以外与 (s_1^*,s_2^*) 完全相同，且有 $s'_1+s'_2*h=H(id^*)$。若 $s'_1\neq s_1^*$，则有 $[z_1^*-z'_1-s_1^*(u^*-u')]-[z_1^*-z'_1-s'_1(u^*-u')]=(s'_1-s_1^*)(u^*-u')\neq0$。所以若 $z_1^*-z'_1-s'_1(u^*-u')=0$，则 $z_1^*-z'_1-s_1^*(u^*-u')\neq0$。同理，若 $s'_2\neq s_2^*$，则有 $[z_2^*-z'_2-s_2^*(u^*-u')]-[z_2^*-z'_2-s'_2(u^*-u')]=(s'_2-s_2^*)(u^*-u')\neq0$。所以如果 $z_2^*-z'_2-s'_2(u^*-u')=0$，则 $z_2^*-z'_2-s_2^*(u^*-u')\neq0$。综合以上两种情况可得，$([z_1^*-z'_1-s_1^*(u^*-u')],[z_2^*-z'_2+s_2^*(u^*-u')])\neq0$ 以至少 0.75 的概率成立。

故而，当 $\beta\geqslant(4\sigma'+2\lambda s)\sqrt{2n}$ 时，我们称（$[z_1^*-z'_1-s_1^*(u^*-u')]$，$[z_2^*-z'_2+s_2^*(u^*-u')]$）为该 NTRU 格上的 SIS 问题的解。

3.2.4 效率分析

目前仅有一个已知的格上身份基消息恢复签名方案[77]。在表 3-2 中我们比较了 3.2.2 节方案与文献［77］中方案的通信开销。其中，k 和 λ 为正整数，m 为大于 $5n\log q$ 的正整数，高斯参数 $\sigma_1=12\hat{s}\lambda\sqrt{m}$，$\sigma'=12\lambda sn$，$s=n^{5/2}\sqrt{2q}\omega(\sqrt{\log n})$ 和 $\hat{s}=\sqrt{m}\omega(\sqrt{\log n})$。

表 3-3　文献［77］中方案与 3.2.1 中方案的效率比较

方案	主私钥	签名密钥	通信开销
［77］中方案	$(m)^2\log O(\sqrt{n\log q})$	$(m\cdot k)\log(\hat{s}\sqrt{m})$	$\lvert\mu\rvert+l_1+m\log(12\sigma_1)$
3.2.2 中方案	$4n\log(s\sqrt{n})$	$2n\log(s\sqrt{n})$	$\lvert\mu\rvert+l_1+2n\log(12\sigma')$

由表 3-3 可知，3.2.2 节方案的主私钥、签名私钥以及通信开销远小于文献［77］中方案的相关项，所以我们认为新方案拥有更高的效率。

3.3 小结

在本章中，我们首先分析了身份基签名方案的国内外研究现状，其次给出基于身份签名方案的定义及其安全性模型。再次提出了 NTRU 格上的身份基签名方案，其极大程度地改善了现有格上身份基签名方案通信开销大和计算复杂度高的现状。最后为了进一步地降低通信开销，我们将 Abe 技术引入到 NTRU 格上，提出了 NTRU 格上的身份基消息恢复签名。

第4章　NTRU格上的环签名方案

2001年，Rivest、Shamir和Tauman首次提出环签名的概念。环签名最大的优势就是能提供隐私保护。在标准的数字签名中验证者知道签名人的公钥，因而做不到保护签名人的隐私。而在环签名方案中，签名是由环中某一成员的私钥和其他环成员的公钥共同生成，因而验证者只知道签名来自该环，但并不能判定具体是由该环中的哪一个成员生成，从而保护了签名人的身份不被泄露。凭此优势，环签名已被广泛地应用在众多应用场景中，例如，匿名身份认证、电子投票和电子现金等。自2001年环签名的概念被提出以来，一些基于传统数论问题的环签名方案[78-84]相继出现，这些环签名高效且实用。然而，Shor算法的存在意味着这些算法将会随着通用量子计算机的出现而不再安全。因此，寻找量子计算环境下安全的环签名方案显得尤为迫切。格公钥密码以其抗量子性、运算简单和存在最坏实例到一般实例的归约等优势成为后量子时代的备选密码方案。这就使得设计格基环签名方案成为当前的一个研究热点。2010年，王凤和等基于SIS问题和盆景树模型提出了第一个格基环签名方案[28]，该方案在标准模型下是抗固定环攻击的。随后，同样使用如上技术，Wang等也提出了两个环签名方案[29]，一个是标准模型下安全的，另一个是随机预言机模型下安全的。2012年，另一个能够抵抗适应性选择消息攻击的环签名方案[30]出现。然而，以上几种环签名方案均是基于hash-and-sign的签名模式，需要使用陷门生成算法，这将大大影响签名效率。2013年，Melchor等首次基于抛弃采样技术提出格上的环签名方案[85]，该方案满足无条件匿名性和存在性不可伪造。2014年，Wang等同样基于抛弃采样技术提出强存在性不可伪造的格上的环签名方案[86]。

本章我们将原像采样技术和抛弃采样技术应用到NTRU格上，提出了两个NTRU格上的环签名方案。这两个方案在随机预言机模型下均是存在性不可伪造的，且与以往的格基环签名相比，该方案具有更高的效率和更低的存储需求。

接下来我们首先给出环签名方案的定义及安全性模型。

4.1 环签名的定义及安全性模型

定义 4.1（环签名） 一个环签名方案由以下 3 个多项式时间算法构成，**Ring-KeyGen**、**Ring-Sign** 和 **Ring-Verify**，算法的具体描述如下。

Ring-KeyGen：输入安全参数 n，该算法输出环中每个用户的公私钥对 (pk_i, sk_i) 和系统公共参数 PP。

Ring-Sign：输入系统公共参数 PP、签名人的私钥 sk_j，环中其他用户的公钥 $pk=\{pk_i\}$ 以及消息 μ，该算法计算并输出消息 μ 的环签名 sig。

Ring-Verify：输入消息 μ 以及该消息的环签名 sig，该确定性算法输出“1”当且仅当 sig 为合法环签名，否则，输出“0”。

定义 4.2（正确性） 环签名方案的正确性是指：若环中所有成员均诚实，则由以上方案得到的签名 sig 使得验证算法 **Ring-Verify** 能以压倒势的概率输出为“1”。

除了正确性以外，一个安全的环签名方案还应同时满足匿名性和不可伪造性。下面我们给出匿名性和不可伪造性的具体定义。

定义 4.3（匿名性） 定义敌手 $\mathcal{A}_1$ 的优势为 $Adv_{rs,l}^{anon}(\mathcal{A}_1)=Succ_{rs,l}^{anon}-1/2$，其中 $Succ_{rs,l}^{anon}$ 表示敌手 $\mathcal{A}_1$ 赢得以下交互游戏的概率。如果 $\mathcal{A}_1$ 的优势是可忽略的，则我们认为该环签名方案满足匿名性。敌手 $\mathcal{A}_1$ 和挑战者 C_1 的交互游戏具体定义如下：

（1）挑战者 C_1 选择安全参数 n，然后运行 **Ring-KeyGen**（n）生成环成员的公私钥对（pk_i，sk_i）和系统公共参数 PP。最后挑战者将环成员的公钥 $\{pk_i\}$ 和系统参数 PP 发送给敌手 $\mathcal{A}_1$。

（2）敌手 $\mathcal{A}_1$ 执行多项式次的询问：

1）腐败询问（Corruption query）：给定索引 i，挑战者 C_1 发送环中用户 i 的签名私钥 sk_i 给敌手 $\mathcal{A}_1$。

2）环签名询问：给定环 L，消息 μ 和索引 i，挑战者运行环签名算法

Ring-Sign 生成环签名 sig 并将该签名发送给敌手 $\mathcal{A}_1$。

(3) 敌手 $\mathcal{A}_1$ 选择一个消息 μ' 和两个索引 $1 \leqslant i_0, i_1 \leqslant l$（$l$ 表示环 L 中成员的个数）做环签名询问，挑战者收到请求后先随机选择 $b \in \{0, 1\}$，然后调用签名私钥 sk_{i_b} 用以运行环签名算法 **Ring-Sign** 输出签名 sig'，最后挑战者将 sig' 发送给敌手 $\mathcal{A}_1$。

(4) 敌手 $\mathcal{A}_1$ 输出一个猜测比特 b'，若 $b'=b$，我们认为 $\mathcal{A}_1$ 赢得以上交互游戏。

定义 4.4（不可伪造性）　如果敌手 $\mathcal{A}$ 赢得以下交互游戏的概率是可忽略的，我们认为该环签名方案满足不可伪造性。敌手 $\mathcal{A}$ 和挑战者 C 的交互游戏具体定义如下。

密钥生成（Ring-KeyGen Phase）：挑战者 C 选择一个合适的安全参数 n，然后运行 **Ring-KeyGen**（n）生成环成员的公私钥对（pk_i, sk_i）和系统公共参数 PP。最后，挑战者将环成员的公钥 $\{pk_i\}$ 和系统参数 PP 发送给敌手 $\mathcal{A}$。

签名询问（Query Phase）：敌手 $\mathcal{A}$ 适应性地选择（i, μ）做签名询问，挑战者运行环签名算法 $sig \leftarrow$ **Ring-Sign**（sk_i, μ）并发送 sig 给敌手 $\mathcal{A}$。

伪造（Forgery Phase）：敌手 $\mathcal{A}$ 输出一个伪造环签名（sig', μ'），使得验证算法 **Ring-Verify**（sig', μ'）输出为“1”，并且（sig', μ'）从未在签名询问中出现过，则称敌手 $\mathcal{A}$ 赢得以上游戏。

4.2　NTRU 格上的环签名方案

我们在本节构造一个 NTRU 格上的环签名方案。

4.2.1　具体方案

环密钥生成（Ring-KeyGen）：输入安全参数 $n=2^c$，KGC 首先选择系统公共参数 $PP = \{$正整数 q, k, l, k_q 和 λ，抗碰撞的哈希函数 $H: \{0, 1\}^* \rightarrow \mathbb{Z}_q^n$，高斯参数 $s = \widetilde{\Omega}(n^{3/2}\sigma)\}$。其中，当 $k_q = n$ 时，高斯参数 $\sigma = n$

$\sqrt{\ln(8nq)}\cdot q^{1/2+\varepsilon}$，并且 $q^{1/2-\varepsilon}=\widetilde{\Omega}(n^{7/2})$；当 $k_q=2$ 时，高斯参数 $\sigma=\sqrt{n\ln(8nq)}\cdot q^{1/2+\varepsilon}$，而 $q^{1/2-\varepsilon}=\widetilde{\Omega}(n^3)$。然后，对每一个用户 U_i，KGC 运行 NTRU 格上的陷门生成算法（算法 1）生成该用户的公私钥对 $\{pk_i=h_i\in R_q,\ sk_i=\boldsymbol{B}_i\in\mathbb{Z}_q^{2n\times 2n}\}$。最后，算法发送系统公共参数 *PP* 以及各自的公私钥对 $\{pk_i,\ sk_i\}$ 给用户。

环签名（Ring-Sign）： 输入环公钥 $L=\{h_i\}_{1\leqslant i\leqslant l}$，消息 $\mu\in\{0,1\}^*$ 和用户 U_j 的私钥 sk_j，用户 j 的具体签名过程如下：

（1）对于 $1\leqslant i\leqslant l$ 且 $i\neq j$，采样 $r\leftarrow\{0,1\}^k$，z_{i0}，$z_{i1}\leftarrow D_s^n$；

（2）计算 $y=H(\mu\mid r)-\sum_{1\leqslant i\leqslant l,\ i\neq j}(z_{i0}+z_{i1}*h_i)$；

（3）运行原像采样算法 SamplePre$(\boldsymbol{B}_j,s,(y,0))$ 输出 $z_j=(z_{j0},\ z_{j1})$；

（4）输出环签名 $sig=(\{z_i=(z_{i0},\ z_{i1})\}_{1\leqslant i\leqslant l},\ \mu,\ r)$ 作为对消息 μ 的环签名。

环验证（Ring-Verify）： 输入环公钥 $L=\{h_i\}_{1\leqslant i\leqslant l}$，消息 $\mu\in\{0,1\}^*$ 和环签名 *sig*，验证者输出“1”当且仅当：

（1）对所有的 $1\leqslant i\leqslant l$，$\|(z_{i0},\ z_{i1})\|\leqslant 2s\sqrt{2n}$；

（2）满足 $H(\mu\mid r)=\sum_{1\leqslant i\leqslant l}(z_{i0}+z_{i1}*h_i)$。

否则，输出为“0”。

定理 4.1（正确性） 由以上签名方案得到的签名满足正确性。

证明：对于验证过程中的条件 1，由引理 2.7、引理 2.8 和定理 2.2 可知 $\|(z_{i0},\ z_{i1})\|\leqslant 2s\sqrt{2n}$ 以压倒势的概率成立。对于条件 2，由签名算法可知：

$$
\begin{aligned}
&\sum\nolimits_{1\leqslant i\leqslant l}(z_{i0}+h_i*z_{i1})\\
&=z_{j0}+h_j*z_{j1}+\sum\nolimits_{1\leqslant i\leqslant l,\ i\neq j}(z_{i0}+h_i*z_{i1})\\
&=y+\sum\nolimits_{1\leqslant i\leqslant l,\ i\neq j}(z_{i0}+h_i*z_{i1})\\
&=H(\mu\mid r)-\sum\nolimits_{1\leqslant i\leqslant l,i\neq j}(z_{i0}+z_{i1}*h_i)+\sum\nolimits_{1\leqslant i\leqslant l,i\neq j}(z_{i0}+h_i*z_{i1})\\
&=H(\mu\mid r)
\end{aligned}
\tag{4-1}
$$

4.2.2 方案的安全性分析

本节中，令 X_b 表示随机比特选为 b 时对消息 μ 的环签名 sig_b 的分布。

定理4.2（匿名性）　对于给定多项式时间的敌手 $\mathcal{A}_1$，若 $\mathcal{A}_1$ 赢得以下匿名游戏的概率是可以忽略的，我们就称该签名算法满足匿名性。

证明：敌手 $\mathcal{A}_1$ 与挑战者 C_1 的交互游戏如下：

（1）挑战者 C_1 选择一个合适的安全参数 n。然后挑战者运行4.2.1小节的 **Ring-KeyGen**（n）生成环成员的公私钥对（$pk_i=h_i$，$sk_i=\boldsymbol{B}_i$）和系统公共参数 $PP=\{$正整数 q,k,l,k_q 和 λ，抗碰撞的哈希函数 H：$\{0,1\}^*\to\mathbb{Z}_q^n$，高斯参数 $s=\widetilde{\Omega}(n^{3/2}\sigma)\}$。其中，当 $k_q=n$ 时，高斯参数 $\sigma=n\sqrt{\ln(8nq)}\cdot q^{1/2+\varepsilon}$，并且 $q^{1/2-\varepsilon}=\widetilde{\Omega}(n^{7/2})$；当 $k_q=2$ 时，高斯参数 $\sigma=\sqrt{n\ln(8nq)}\cdot q^{1/2+\varepsilon}$，而 $q^{1/2-\varepsilon}=\widetilde{\Omega}(n^3)$。最后，挑战者将环成员的公钥 $\{pk_i\}$ 和系统参数 PP 发送给敌手 $\mathcal{A}_1$。

（2）敌手 $\mathcal{A}_1$ 执行多项式次的询问：

1）腐败询问（Corruption query）：当敌手 $\mathcal{A}_1$ 发送用户 U_i 的索引 i 给挑战者做腐败询问时，挑战者 C_1 首先运行密钥生成算法生成该用户的公私钥对（pk_i，sk_i）；最后，C_1 发送 sk_i 给敌手 $\mathcal{A}_1$。

2）环签名询问（Ring-Sign query）：给定环 L，消息 μ 和用户 U_i 的索引 i，挑战者首先运行环签名算法 **Ring-Sign** 生成签名 sig；随后挑战者 C_1 将签名 sig 发送给敌手 $\mathcal{A}_1$。

（3）敌手 $\mathcal{A}_1$ 选择一条消息 μ' 和两个用户的索引 $1\leqslant i_0$，$i_1\leqslant l$（l 表示环 L 中成员的个数）做环签名询问，挑战者收到请求后先随机选择比特值 $b\in\{0,1\}$，然后调用签名私钥 sk_{i_b} 用以运行环签名算法 **Ring-Sign** 并输出签名 sig'，最后挑战者将 sig' 发送给敌手 $\mathcal{A}_1$。

（4）敌手 $\mathcal{A}_1$ 输出一个猜测比特 b'，下面考虑 $b'=b$ 的概率，即能区分 X_0 和 X_1 分布的概率，也是敌手 $\mathcal{A}_1$ 赢得以上交互游戏的概率。

由4.2.1小节的签名方案可知，若 $i_b\neq j$，$z_{i_b}=(z_{i_b0},z_{i_b1})$，其中 z_{i_b0} 和 z_{i_b1} 服从 D_s^n 分布；若 $i_b=j$，$z_j=(z_{j0},z_{j1})$ 来源于NTRU格上的原像采样算法。

由定理2.2可知，（z_{j0}，z_{j1}）服从 $D_{\Lambda_{h_j,q},s}$ 分布。故而，再由引理2.9可得，签名 sig_0 和 sig_1 的分布 X_0 和 X_1 必然满足：

$$\Delta(X_0,X_1)\leqslant 2^{-\omega(\log 2n)} \tag{4-2}$$

其中，$2^{-\omega(\log 2n)}$ 为可忽略的。所以，以上环签名方案满足匿名性。

定理 4.3（不可伪造性） 假定多项式时间的敌手 $\mathcal{A}$ 能够以不可忽略的概率攻破以上环签名算法，那么我们可以构造一个算法 C 同样以不可忽略的概率求解扩展的 NTRU 格上的 SIS 问题。因而，以上环签名算法满足不可伪造性。

证明：假定多项式时间的敌手 $\mathcal{A}$ 能够以不可忽略的概率输出合法伪造，那么我们可以通过调用敌手 $\mathcal{A}$ 来构造一个算法 C 同样以不可忽略的概率求解扩展的 NTRU 格上的 SIS 问题。调用敌手 $\mathcal{A}$ 时，算法 C 和敌手 $\mathcal{A}$ 的具体交互如下：

密钥生成（Ring-KeyGen Phase）： 当敌手 $\mathcal{A}$ 做密钥生成询问时，算法 C 选择一个合适的安全参数 n，然后运行 **Ring-KeyGen**（n）生成环成员的公私钥对（pk_i，sk_i）和系统公共参数 PP。最后，挑战者将环成员的公钥 $\{pk_i\}$ 和系统公共参数 PP 发送给敌手 $\mathcal{A}$。

询问（Query Phase）： 敌手 $\mathcal{A}$ 适应性地选择（i，μ，L）做以下询问。

H 询问：C 维持一个初始为空的列表 H-list。当敌手 $\mathcal{A}$ 对（r，μ，i）做 H 哈希询问时，C 首先检查 H-list 列表中是否有（r，μ，i），若有，则返回相应的 $\sum_{1\leqslant i\leqslant l}(z_{i0}+z_{i1}*h_i)$ 给敌手 $\mathcal{A}$。否则，对 $1\leqslant i\leqslant l$，算法 C 首先选择 $z_{i0},z_{i1}\leftarrow D_s^n$ 并存储 $\{\{z_i\}_{1\leqslant i\leqslant l},i,\mu,r\}$ 在列表 H-list 中，并返回 $\sum_{1\leqslant i\leqslant l}(z_{i0}+z_{i1}*h_i)$ 给敌手 $\mathcal{A}$。

签名询问：不失一般性地，假设敌手已经对（r，μ，i）做过 H 哈希询问。当敌手 $\mathcal{A}$ 发送 (μ,i) 做签名询问时，算法 C 在 H-list 列表中查找（r，m，i）并返回相应的 $\{z_i\}_{1\leqslant i\leqslant l}$ 给敌手 $\mathcal{A}$。

伪造（Forgery Phase）： 敌手 $\mathcal{A}$ 输出一个伪造环签名 (sig',μ',r',L)，使得 **Ring-Verify**（sig'，μ'）输出为“1”。

下面分析算法 C 究竟怎样求解扩展的 NTRU 格上的 SIS 问题。存在以下两种情况：

（1）若敌手 $\mathcal{A}$ 已经对 μ' 做过签名询问，且得到的签名为 (sig^*,μ',r',L)。由于 (sig',μ',r',L) 被认为是伪造签名，故而必然存在某一个 $i\in[l]$ 使得 $(z'_{i0},z'_{i1})\neq(z_{i0}^*,z_{i1}^*)$，且有 $H(\mu'\mid r')=\sum_{1\leqslant i\leqslant l}(z'_{i0}+z'_{i1}*h_i)=\sum_{1\leqslant i\leqslant l}(z_{i0}^*+z_{i1}^*h_i)$。

（2）若敌手 $\mathcal{A}$ 未对 μ' 做过签名询问，但对（μ'，r'）做过 H 哈希询问。

令敌手 $\mathcal{A}$ 对（μ'，r'）做 H 询问时，算法 C 的存储为$\{\{z_i^*\}_{1\leqslant i\leqslant l},i,\mu',r'\}$。由哈希函数族的原像最小熵特性可知，对某一个 $i\in[l]$，$(z'_{i0},z'_{i1})\neq(z_{i0}^*,z_{i1}^*)$ 以至少 $1-2^{-\omega(\log 2n)}$ 的概率成立。

综上所述，若敌手 $\mathcal{A}$ 以概率 ε 输出一个伪造环签名（$sig'=((z'_{i0},z'_{i1})_{1\leqslant i\leqslant l},\mu',r',L)$），那么算法 C 可以以同样的概率求得 $\sum_{1\leqslant i\leqslant l}(z'_{i0}+z'_{i1}*h_i-z_{i0}^*-z_{i1}^**h_i)=0$。由于 $\sum_{1\leqslant i\leqslant l}(z'_{i0}+z'_{i1}*h_i-z_{i0}^*-z_{i1}^**h_i)=\sum_{1\leqslant i\leqslant l}[(z'_{i0}+z_{i0}^*)+(z'_{i1}-z_{i1}^*)*h_i]$，故而求得 $[(z'_{i0}+z_{i0}^*),(z'_{i1}-z_{i1}^*)]_{1\leqslant i\leqslant l}$ 为扩展 NTRU 格上 SIS 问题的解。因而，该环签名方案满足不可伪造性。

4.2.3　效率比较

本节我们从运行时间（见表 4-1）和存储空间（见表 4-2）两个方面来比较 4.2.1 小节的环签名方案与文献［29］、［30］、［85］和［86］中的方案。其中 T_{Sam} 和 T_{Ext} 分别表示原像采样算法 SamplePre 和格基扩展算法 ExtBasis 花费的时间，T_{mul}表示计算 n 次乘法所需要的时间。

表 4-1　环签名方案运行时间比较

方案	签名时间	验证时间
［29］中方案	$m(l+d)T_{Ext}+m(l+d+1)T_{Sam}$	$m(l+d+1)T_{mul}$
［30］中方案	$mT_{Sam}+m(l+1)T_{mul}$	$m(l+2)T_{mul}$
［85］中方案	$3nl\log nT_{mul}$	$3nl\log nT_{mul}$
［86］中方案	$m(l+1)T_{mul}$	$m(l+1)T_{mul}$
4.2.1 方案	$2nlT_{Sam}+n(l-1)T_{mul}$	nlT_{mul}

表 4-2　环签名方案所需存储空间比较

方案	签名长度	公共参数长度
［29］中方案	$(l+d+1)m$	$(2dnm_1+nml)$
［30］中方案	$(l+2)m$	$(d+2+l)nm$
［85］中方案	$3nl\log n+n$	$3n\log n$
［86］中方案	$lm+k$	$(lm+k)n$
4.2.1 方案	$2ln+k$	nl

从表 4-1 和表 4-2 我们可知，与文献［29］和［30］中的方案相比，4.2.1 小节的环签名方案需要较短的运行时间，而与文献［85］和［86］中的签名方案相比，新环签名方案需要更少的存储空间，因而，我们可认为新环签名方案具有较高效率。但我们不难注意到 4.2.1 小节的环签名方案的签名时间相对于文献［86］中的方案的签名时间要长得多，且不能抵抗选择子环攻击。因而，下一节我们试图进一步提高签名效率，增强签名安全性。

4.3 NTRU 格上高效的环签名方案

受 NTRU 格上基于身份加密方案[87] 的启发，我们在本节构造一个 NTRU 格上更高效的环签名方案。

4.3.1 具体方案

环密钥生成（Ring-KeyGen）：输入安全参数 $n=2^c$，KGC 首先选择系统公共参数 $PP=\{$正整数 q,k,d,l,k_q 和 λ，抗碰撞的哈希函数 H：$\{0,1\}^*\to\{\boldsymbol{v}:\boldsymbol{v}\in\{-1,0,1\}^k,\ \|\boldsymbol{v}\|\leqslant\lambda\}$，高斯参数 $s=\widetilde{\Omega}(n^{3/2}\sigma)$ 和 $\hat{\sigma}=12\lambda sn\}$。其中，当 $k_q=n$ 时，高斯参数 $\sigma=n\sqrt{\ln(8nq)}\cdot q^{1/2+\varepsilon}$，并且 $q^{1/2-\varepsilon}=\widetilde{\Omega}(n^{7/2})$；当 $k_q=2$ 时，高斯参数 $\sigma=\sqrt{n\ln(8nq)}\cdot q^{1/2+\varepsilon}$，而 $q^{1/2-\varepsilon}=\widetilde{\Omega}(n^3)$。然后，对每一个用户 U_i，KGC 运行 NTRU 格上的陷门生成算法（算法 1）生成 $\{h_i\in R_q,\ \boldsymbol{B}_i\in\mathbb{Z}_q^{2n\times 2n}\}$。接着，KGC 随机选择一个多项式 $t\in R_q$ 满足 $-d\leqslant t[i]\leqslant d$，对于所有的 $1\leqslant i\leqslant l$，运行 NTRU 格上的原像采样算法生成用户 U_i 的私钥 $sk_i=(s_{i0},s_{i1})$，满足 $s_{i0}+s_{i1}*h_i=t$，$\|(s_{i0},s_{i1})\|\leqslant s\sqrt{2n}$。最后，算法输出系统公共参数 PP 以及各自的公私钥对 $\{pk_i,\ sk_i\}$ 给用户。

环签名（Ring-Sign）：输入环公钥 $L=\{h_i\}_{1\leqslant i\leqslant l}$，消息 $\mu\in\{0,1\}^*$ 和用户 U_j 的私钥 $sk_j=(s_{j0},\ s_{j1})$，用户 j 的具体签名过程如下：

（1）对于 $1 \leqslant i \leqslant l$，采样 y_{i0}，$y_{i1} \xleftarrow{\$} D_{\sigma}^{n}$，令 $\hat{y}_i =(y_{i0}, y_{i1})$；

（2）计算 $e \leftarrow H(\sum_{1 \leqslant i \leqslant l}(y_{i0} + h_i * y_{i1}), L, \mu)$；

（3）当 $i \neq j$ 时，定义 $\hat{z}_i = (z_{i0}, z_{i1}) = \hat{y}_i$；

（4）当 $i = j$ 时，定义 $\hat{z}_i = (s_{i0} * e + y_{i0}, s_{i1} * e + y_{i1})$；

（5）输出签名 $sig = (\hat{z}_i, 1 \leqslant i \leqslant l, e)$ 作为对消息 μ 的环签名。

环验证（Ring-Verify）：输入环公钥 $L = \{h_i, t\}_{1 \leqslant i \leqslant l}$，消息 $\mu \in \{0, 1\}^*$ 和环签名 $sig = (\hat{z}_i, 1 \leqslant i \leqslant l, e)$，验证者输出"1"当且仅当：

（1）对所有的 $1 \leqslant i \leqslant l$，$\|(z_{i0}, z_{i1})\| \leqslant 2\hat{\sigma}\sqrt{2n}$；

（2）满足 $e = H(\sum_{1 \leqslant i \leqslant l}(z_{i0} + h_i * z_{i1}) - te, L, \mu)$。

否则，输出为"0"。

定理 4.4（正确性） 由以上签名方案得到的签名满足正确性。

证明：对于验证过程中的条件 1，由引理 2.7 和引理 2.8 可知 $\|(z_{i0}, z_{i1})\| \leqslant 2\hat{\sigma}\sqrt{2n}, 1 \leqslant i \leqslant l$ 以压倒势的概率成立。对于条件 2，由签名算法可知：

$$
\begin{aligned}
&\sum_{1 \leqslant i \leqslant l}(z_{i0} + h_i * z_{i1}) - te \\
&= z_{j0} + h_j * z_{j1} - te + \sum_{1 \leqslant i \leqslant l,\ i \neq j}(z_{i0} + h_i * z_{i1}) \\
&= (s_{j0} + h_j * s_{j1})e + y_{j0} + h_j * y_{j1} - te + \sum_{1 \leqslant i \leqslant l,\ i \neq j}(y_{i0} + h_i * y_{i1})
\end{aligned}
\tag{4-3}
$$

又因为 $s_{j0} + s_{j1} * h_j = t$，所以有 $\sum_{1 \leqslant i \leqslant l}(z_{i0} + h_i * z_{i1}) - te = \sum_{1 \leqslant i \leqslant l}(y_{i0} + h_i * y_{i1})$，故而 $e = H(\sum_{1 \leqslant i \leqslant l}(z_{i0} + h_i * z_{i1}) - te, L, \mu)$ 成立。

4.3.2 方案的安全性分析

本节中，令 X_b 表示随机比特选为 b 时对消息 μ 的环签名 sig_b 的分布。

定理 4.5（匿名性） 对于给定多项式时间的敌手 $\mathcal{A}_1$，若 $\mathcal{A}_1$ 赢得以下匿名游戏的概率是可以忽略的，我们就称该签名算法满足匿名性。

证明：敌手 $\mathcal{A}_1$ 与挑战者 C_1 的交互游戏如下。

（1）挑战者 C_1 选择一个合适的安全参数 n。然后挑战者运行 4.3.1 小节的 **Ring-KeyGen**（n）生成环成员的公私钥对（$pk_i = h_i$，$sk_i = (s_{i0}, s_{i1})$）和系统公共参数 $PP = \{$正整数 q，k，d，l，k_q 和 λ，抗碰撞的哈希函数 H:

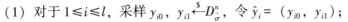

$\{0,1\}^* \to \{\boldsymbol{v}: \boldsymbol{v} \in \{-1,0,1\}^k, \|\boldsymbol{v}\| \leqslant \lambda\}$，高斯参数 $s=\widetilde{\Omega}(n^{3/2}\sigma)$ 和 $\hat{\sigma}=12\lambda sn\}$。其中，当 $k_q=n$ 时，高斯参数 $\sigma=n\sqrt{\ln(8nq)}\cdot q^{1/2+\varepsilon}$，并且 $q^{1/2-\varepsilon}=\widetilde{\Omega}(n^{7/2})$；当 $k_q=2$ 时，高斯参数 $\sigma=\sqrt{n\ln(8nq)}\cdot q^{1/2+\varepsilon}$，而 $q^{1/2-\varepsilon}=\widetilde{\Omega}(n^3)$。最后挑战者将环成员的公钥 $\{pk_i\}$ 和系统参数 PP 发送给敌手 $\mathcal{A}_1$。

(2) 敌手 $\mathcal{A}_1$ 执行多项式次的询问：

1) 腐败询问（Corruption query）：当敌手 $\mathcal{A}_1$ 发送用户 U_i 的索引 i 给挑战者做腐败询问时，挑战者 C_1 首先运行密钥生成算法生成该用户的公私钥对（pk_i，sk_i）；最后，C_1 发送 sk_i 给敌手 $\mathcal{A}_1$。

2) 环签名询问（Ring-Sign query）：给定环 L，消息 μ 和用户 U_i 的索引 i，挑战者首先运行环签名算法 **Ring-Sign** 生成签名 sig；随后挑战者 C_1 将签名 sig 发送给敌手 $\mathcal{A}_1$。

(3) 敌手 $\mathcal{A}_1$ 选择一个消息 μ' 和两个用户的索引 $1 \leqslant i_0, i_1 \leqslant l$（$l$ 表示环 L 中成员的个数）做环签名询问，挑战者收到请求后先随机选择比特值 $b \in \{0,1\}$，然后调用签名私钥 sk_{i_b} 用以运行环签名算法 **Ring-Sign** 输出签名 sig'，最后挑战者将 sig' 发送给敌手 $\mathcal{A}_1$。

(4) 敌手 $\mathcal{A}_1$ 输出一个猜测比特 b'，下面考虑 $b'=b$ 的概率，即能区分 X_0 和 X_1 分布的概率，也是敌手 $\mathcal{A}_1$ 赢得以上交互游戏的概率。

由 4.3.1 小节的签名方案可知，若 $i_b \neq j, \hat{z}_{i_b}=(z_{i_b0}, z_{i_b1})=\hat{y}_{i_b}$；若 $i_b=j, \hat{z}_{i_b}=(s_{i_b0}*e+y_{i_b0},\ s_{i_b1}*e+y_{i_b1})$。因而，$\hat{z}_{i_0}$ 和 $\hat{z}_{i_1}$ 的分布 X_0 和 X_1 存在以下 3 种情况：

1) X_0 和 X_1 服从 $D_{\hat{\sigma}}^n$ 分布；

2) X_0 和 X_1 服从 $D_{s_{i_b}e,\hat{\sigma}}^n$ 分布；

3) X_0 和 X_1 一个来自 $D_{\hat{\sigma}}^n$ 分布，一个来自 $D_{s_{i_b}e,\hat{\sigma}}^n$ 分布。

由引理 2.8 可知

$$\Delta\left(D_{\hat{\sigma}}^n,\ D_{s_{i_b}e,\hat{\sigma}}^n\right) \leqslant 2^{-\omega(\log 2n)}/M \tag{4-4}$$

故而 $\Delta(X_0, X_1) \leqslant \Delta(X_0, D_{\hat{\sigma}}^n)+\Delta(X_1, D_{\hat{\sigma}}^n) \leqslant 2^{1-\omega(\log 2n)}/M$ 为可忽略的。所以，以上环签名方案满足匿名性。

定理 4.6（不可伪造性） 假定多项式时间的敌手 $\mathcal{A}$ 能够以不可忽略的概率攻破以上环签名算法，那么我们可以构造一个算法 C 同样以不可忽略的概率求解扩展的 NTRU 格上的 SIS 问题。因而，以上环签名算法满足不可伪造性。

证明：假定多项式时间的敌手 $\mathcal{A}$ 能够以不可忽略的概率输出合法伪造，那么我们可以通过调用敌手来构造一个算法 C 同样以不可忽略的概率求解扩展 NTRU 格上的 SIS 问题。调用敌手 $\mathcal{A}$ 时，算法 C 和敌手 $\mathcal{A}$ 的具体交互如下。

密钥生成（Ring-KeyGen Phase）：算法 C 选择一个合适的安全参数 n，然后运行 **Ring-KeyGen**（n）生成环成员的公私钥对（pk_i，sk_i）和系统公共参数 PP。最后挑战者将环成员的公钥 $\{pk_i\}$ 和系统参数 PP 发送给敌手 $\mathcal{A}$。

询问（Query Phase）：敌手 $\mathcal{A}$ 适应性地选择（i，μ，$S \subset L$）做以下询问。

签名询问：C 维持一个初始为空的列表 Sign-list。当敌手 $\mathcal{A}$ 对$(i,\mu,S \subset L)$做签名询问时，C 首先检查 Sign-list 列表中是否有（i，μ，$S \subset L$），若有，则返回$\{\{\hat{z}_i\}_{i \in S}, i, S, \mu, e\}$给敌手 $\mathcal{A}$。否则，算法 C 首先选择 y_{i0}，$y_{i1} \xleftarrow{\$} D_{\sigma}^{n}$ 和 $e \xleftarrow{\$} \{\boldsymbol{v}:\boldsymbol{v} \in \{-1,0,1\}^k, \|\boldsymbol{v}\| \leq \lambda\}$，令 $e = H\left(\sum_{i \in S}(y_{i0} + y_{i1} * h_i), \{h_i\}, \mu\right)$。然后，算法 C 定义 $\hat{z}_i =$（z_{i0}，z_{i1}）$=$（y_{i0}，y_{i1}）。最后算法 C 存储$\{\{\hat{z}_i\}_{i \in S}, i, S, \mu, e\}$在列表 Sign-list 中，并返回 Sign-list 列表中的$\{\{\hat{z}_i\}_{i \in S}, i, S, \mu, e\}$给敌手 $\mathcal{A}$。

H 询问：不失一般性地，假设敌手已经对$(i,\mu,S \subset L)$做过签名询问。当敌手发送$(x_{\hat{y}} = \sum_{i \in S}(y_{i0} + y_{i1} * h_i)$，$x_h = \{h_i\}$，$x_{\mu} = \mu$，$i$，$S)$做哈希询问时，算法 C 在 Sign-list 列表中查找$(i,\mu,S \subset L)$并返回相应的 e 给敌手 $\mathcal{A}$。

伪造（Forgery Phase）：敌手 $\mathcal{A}$ 输出一个伪造环签名（sig'，μ'，e'，$T' \subset L$），使得 **Ring-verify**(sig',μ',e',T') 输出为"1"，并且$(sig',\mu',e',T' \subset L)$从未在签名询问中出现过。

下面分析算法 C 怎样求解扩展 NTRU 格上的 SIS 问题。

e'的产生存在以下两种情况：

（1）e'在签名询问中已经出现过，为（（$\hat{z}_i$；$i \in T$，e'），μ，$\{h_i\}_{i \in T}$）。由于（（$\hat{z}_i$；$i \in T$，e'），μ，$\{h_i\}_{i \in T}$）为合法伪造，故而有$(\{h_i\}_{i \in T},\mu') \neq (\{h_i\}_{i \in T},\mu)$或者$(\hat{z}'_i;i \in T') \neq (\hat{z}_i;i \in T)$，前者成立意味着 H 存在碰撞，故而概率为可忽略的。后者成立即是指 $\sum_{i \in T'}(z'_{i0} + h_i * z'_{i1}) - te' = \sum_{i \in T}(z_{i0} + h_i * z_{i1}) - te'$，对（$\hat{z}'_i$；$i \in T'$）$\neq$（$\hat{z}_i$；$i \in T$）成立。然后，当

$i\in[l]/T$时，设置$\hat{z}_i=(0,0)$；当$i\in[l]/T'$时，设置$(\hat{z}'_i)=(0,0)$。所以$[(z'_{i0}-z_{i0}),(z'_{i1}-z_{i1})]_{1\leqslant i\leqslant l}$即为该扩展 NTRU 格上 SIS 问题的解。

(2) e'在哈希询问中出现过。由于$((\hat{z}'_i;\ i\in T',\ e'),\ \mu',\ \{h_i\}_{i\in T})$为合法签名，所以满足$H(\sum_{i\in T'}(z'_{i0}+h_i*z'_{i1})-te',\ \{h_i\}_{i\in T},\ \mu')=e'$。若定义$i\in L/T'$时有$\hat{z}'_i=(0,0)$，故而$((\hat{z}'_i;i\in L,e'),\mu',\{h_i\}_{i\in T})$为环$L$的环签名，使用伪造引理[75] 可得关于$\mu'$的另一个伪造环签名$((\hat{z}_i;i\in L,e'),\mu',\{h_i\}_{i\in T})$满足等式$H(\sum_{1\leqslant i\leqslant l}(z_{i0}+h_i*z_{i1})-te,\ \mu')=H(\sum_{1\leqslant i\leqslant l}(z'_{i0}+h_i*z'_{i1})-te,\ \mu')$成立，由哈希函数的原像最小熵可知，$(z_{i^*0},z_{i^*1})\neq(z'_{i^*1},z'_{i^*2})$以极大概率出现，因而$[(z'_{i0}-z_{i0}),(z'_{i1}-z_{i1})]_{1\leqslant i\leqslant l}$即为扩展 NTRU 格上 SIS 问题的解。

综上所述，该环签名方案满足不可伪造性。

4.3.3 效率比较

本节我们从运行时间（见表 4-3）和存储空间（见表 4-4）两个方面来比较 4.3.1 小节的环签名方案与文献［29］、［30］、［85］和［86］中的方案。其中T_{Sam}和T_{Ext}分别表示运行原像采样算法 SamplePre 和格基扩展算法 ExtBasis 花费的时间，T_{mul}表示计算n次乘法所需要的时间。

表 4-3　环签名方案运行时间比较

方案	签名时间	验证时间
［29］中方案	$m(l+d)T_{Ext}+m(l+d+1)T_{Sam}$	$m(l+d+1)T_{mul}$
［30］中方案	$mT_{Sam}+m(l+1)T_{mul}$	$m(l+2)T_{mul}$
［85］中方案	$3nl\log nT_{mul}$	$3nl\log nT_{mul}$
［86］中方案	$m(l+1)T_{mul}$	$m(l+1)T_{mul}$
4.3.1 方案	$n(2l+1)T_{mul}$	$n(2l+1)T_{mul}$

表 4-4　环签名方案所需存储空间比较

方案	签名长度	公共参数长度
［29］中方案	$(l+d+1)m$	$(2dnm_1+nml)$

续表

方案	签名长度	公共参数长度
[30] 中方案	$(l+2)\ m$	$(d+2+l)\ nm$
[85] 中方案	$3nl\log n+n$	$3n\log n$
[86] 中方案	$lm+k$	$(lm+k)\ n$
4.3.1 方案	$2ln+k$	nl

从表 4-3 和表 4-4 我们可知，与文献 [29]、[30] 和 [86] 中的方案相比，4.3.1 小节的环签名方案需要较短的运行时间，而与文献 [85] 和 [86] 中的方案相比，4.3.1 小节的环签名方案需要更少的存储空间，因而，我们可认为新环签名方案具有较高效率。

并且，由表 4-1~表 4-4 可知，在保持了 4.2.1 方案中较低存储空间的同时，4.3.1 方案的签名时间有了较大幅度的缩减。

4.4 小结

本章我们首先交代了环签名方案的发展历程，紧接着给出环签名方案的定义以及安全性模型。然而，现有的环签名方案要么不能抵抗量子攻击，要么签名效率不甚令人满意。基于这两点，我们首先基于 NTRU 格上的原像采样算法提出了 NTRU 格上的环签名方案，并在随机预言机模型下证明了其安全性，通过详细的效率比较我们可以得知，4.2.1 节环签名方案能够极大地降低签名尺寸和公私钥尺寸，但签名效率有待提高。随后，我们将抛弃采样技术引入到 NTRU 格中提出了一个更为高效的 NTRU 格上的签名方案，其安全性同样可证。为了实现对匿名性的“打开”功能，即在环签名的基础上实现群签名，我们需要引入零知识证明协议。介于作者对于零知识证明知识的掌握较薄弱，本章我们并未给出 NTRU 格上的群签名方案，但我们会将该部分工作作为我们以后努力的重点目标。

第 5 章　格上的属性基签名方案

2011 年，Maji 和 Prabhakaran 等引入基于属性签名方案的概念[88]，将其作为基于身份签名的泛化。一般来说，在基于属性的签名方案中，用户的私钥是由其完全信任的属性中心根据一些属性（而非单个身份）生成。基于属性的签名方案打破了传统公钥密码中一对一的限制。也就是说，可以将一个消息分发给具有某些特殊属性的用户，而这些用户可以在一个共同的公钥下签名消息。属性签名方案的完美私密性和极大的灵活性使得其具有广泛的密码应用，例如匿名认证和属性基消息传送等。

自 2011 年属性基签名方案提出以来，诸多优秀的属性基签名方案相继涌现[88-96]。Escala 等提出了第一个能够抵抗适应性敌手攻击的属性基签名方案[89]。Li 等构造了两个支持灵活阈值预测的属性基签名方案[90]，签名长度依赖于属性集合的最大尺寸。Herranz 等在文献［91］中提出了两个具有常数签名尺寸的属性基签名构造，这两个签名方案能够抵抗选择访问结构攻击和适应性选择消息攻击。Zeng 等提出的属性基签名方案[92] 具有常数尺寸，并且满足不可伪造性和无条件匿名性。Okamoto 和 Takashima 两人分别在文献［93］和［94］中提出了属性基签名方案，前者在标准模型下是可证安全的，后者是第一个分散的多权威者参与的属性基签名方案，该方案不再需要可信机构和中央集权。

然而现存的属性基签名方案大多基于传统的数论问题（离散对数或者大整数分解），而这些问题在后量子时代已不再困难。格公钥密码方案以抗量子攻击、满足最坏实例到平均实例的归约和计算简单等优势成为后量子时代的最佳候选密码方案。随着量子计算机的研究工作如火如荼地开展，格上的属性基签名方案俨然已成为一项热门研究。现存的三个格基属性签名方案都是标准模型下的，并且效率很低。因而，寻找随机预言机模型下高效的格基属性签名方案将成为我们接下来的研究目标。

5.1 属性基签名方案的定义及安全性模型

定义 5.1（属性基签名方案） 设 $i \in [N]$，$U=\{\boldsymbol{att}_1,\boldsymbol{att}_2,\cdots,\boldsymbol{att}_N\}$ 是属性集合，对于 $\boldsymbol{att}_i \in U$，$S_i=\{v_{i1},v_{i2},\cdots,v_{iN(i)}\}$ 是属性 $\boldsymbol{att}_i$ 可能取值的集合，其中，定义 $N(i)$ 为属性 $\boldsymbol{att}_i$ 可能取值的数量。设 $L=\{l_1,l_2,\cdots,l_N\}$ 为一个用户拥有的属性列表，其中 $l_i \in S_i$，$W=\{w_1,w_2,\cdots,w_N\}$ 表示一个访问结构，并且 $w_i \in S_i$。符号 $L| =W$ 表示一个属性列表 L 满足一个访问结构 W，即 $l_i=w_i$ 对于 $i\in[N]$。

一个属性基签名方案由以下四个多项式时间算法（**Setup**，**Extract**，**Sign**，**Verify**）组成。

Setup：输入安全参数 n，该算法生成系统的公共参数 PP、系统主公钥 MPK 和系统主私钥 MSK。

Extract：输入系统公共参数 PP、系统主公钥 MPK、系统主私钥 MSK 以及用户的属性列表 L，该算法生成一个与属性列表 L 相关的用户私钥 SK_L。

Sign：给定 PP、MPK、SK_L，消息 μ 和访问结构 W，当且仅当 $L| =W$ 时，拥有属性列表 L 的用户生成并输出签名 sig。

Verify：输入签名 sig，消息 μ，属性列表 L 和访问结构 W，该算法输出“1”，当且仅当：

（1）$L| =W$；

（2）签名 sig 合法。

定义 5.2（属性基签名的正确性） 如果 **Verify**$(PP, sig, \mu, L, W)=1$，本书认为该属性基签名方案满足正确性。其中 $(PP, MPK, MSK)\leftarrow$ **Setup**(n)，μ 为消息，L 为属性列表，W 为访问结构，$SK_L\leftarrow$**Extract**(PP, MPK, MSK, L) 并且 $sig\leftarrow$**Sign**(PP, MPK, SK_L, L, W)。

定义 5.3（不可伪造性）如果不存在多项式时间的敌手 $\mathcal{A}$ 能够以不可忽略的概率赢得以下交互游戏，我们称该属性基签名方案是存在性不可伪造的，能够抵抗选择访问结构攻击和适应性选择消息攻击。

Initial Phase：敌手 $\mathcal{A}$ 首先选择一个挑战访问结构 W^* 发送给挑战者 C

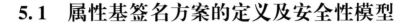

（W^*将被用在伪造签名中）。

Setup Phase：收到挑战访问结构 W^* 后，挑战者 C 运行 **Setup**（n）获得公共参数 PP，系统主公钥 MPK 和系统主私钥 MSK。最后挑战者 C 将系统主公钥 MPK 发送给敌手 $\mathcal{A}$，但保持 MSK 私有。

Query Phase：敌手 $\mathcal{A}$ 对以下两个预言机执行多项式次的询问。

（1）Extract oracle query：给定一个属性集合 L（不满足挑战访问结构 W^*）给提取预言机，挑战者 C 输出对应的私钥 SK_L 给敌手 $\mathcal{A}$。

（2）Sign oracle query：发送消息 μ 和访问结构 W 给签名预言机做签名询问，挑战者 C 输出签名 sig 给敌手 $\mathcal{A}$。

Forgery Phase：最后，敌手 $\mathcal{A}$ 输出一个合法的伪造签名（W^*，μ^*，sig^*），其中 W^* 为初始阶段挑战者预先选定的挑战访问结构，并且未对 μ^* 做过私钥提取询问和签名询问。

敌手 $\mathcal{A}$ 的优势定义为 $Adv_{\text{ABS}}(\mathcal{A}) = \Pr[\textbf{Verify}(PP, sig^*, \mu^*, L^*, W^*) = 1]$。

定义 5.4（完美私密性） 令（MSK，MPK）$\leftarrow$**Setup**（n），任意的两个属性集合 L_1，L_2，$SK_1 \leftarrow$**Extract**（MSK，L_1），$SK_2 \leftarrow$**Extract**（MSK，L_2），对于任意的消息 μ 和访问结构 W（满足 $L_1 | = L_2 | = W$），如果签名 $sig_1 \leftarrow$**Sign**（SK_1, MPK, μ, L_1）和签名 $sig_2 \leftarrow$**Sign**（SK_2, MPK, μ, L_2）有相同的分布，那么我们称该属性基签名方案满足完美私密性。

5.2 随机预言机模型下格上的属性基签名方案

5.2.1 具体方案

本节我们构造了一个格上的属性基签名方案，如下：

Setup：输入安全参数 n，该算法定义公共参数 $PP = \{$大于 3 的素数 q，实数 M，整数 $m \geqslant 6n\log q$，k 和 λ 为正整数，$\tilde{L} = O(\sqrt{n\log q})$ 以及高斯参数 $s = \tilde{L}\omega(\sqrt{\log n})$ 和 $\sigma = 12s\lambda\sqrt{m}\}$。然后可信的权威机构运行以下步骤。

（1）运行陷门生成算法 TrapGen（1^n）生成一个均匀矩阵 $\boldsymbol{A}\in\mathbb{Z}_q^{n\times m}$ 以及格 $\Lambda^{\perp}(\boldsymbol{A})$ 的一组基 $\boldsymbol{T}\in\mathbb{Z}_q^{m\times m}$。

（2）选择两个哈希函数 H：$\{0,1\}^*\to\{\boldsymbol{v}:\boldsymbol{v}\in\{-1,0,1\}^k,\ \|\boldsymbol{v}\|_1\leqslant\lambda\}$ 和 H_1：$\mathbb{Z}_q^n\to\mathbb{Z}_q^{m\times k}$。

（3）定义主公钥为 $MPK=\{\boldsymbol{A},H,H_1\}$，主私钥为 $MSK=\boldsymbol{T}$，并公开主公钥 $MPK=\{\boldsymbol{A},H,H_1\}$。

Extract：输入 PP、MSK、MPK 以及属性列表 L，进行以下操作。

（1）对每一个属性 v_{ij} 选择一个向量 $\boldsymbol{u}_{ij}\in\mathbb{Z}_q^n$，计算 $\boldsymbol{H}_{1L}=\sum_{v_{ij}\in L}H_1(\boldsymbol{u}_{ij})=[\boldsymbol{u}_1|\boldsymbol{u}_2|\cdots|\boldsymbol{u}_k]$；

（2）对每一个 $1\leqslant i\leqslant k$，运行原像采样算法 SamplePre$(\boldsymbol{A},\boldsymbol{T},s,\boldsymbol{u}_i)\to\boldsymbol{e}_i$；

（3）将签名私钥 $SK_L=[\boldsymbol{e}_1|\ \boldsymbol{e}_2|\ \cdots|\ \boldsymbol{e}_k]$ 发送给拥有属性列表 L 的用户。

Sign：假定一个拥有属性列表 L 的用户想要在访问结构 W 下签名消息 μ，当 $L|=W$ 时执行以下操作：

（1）选择一个随机向量 $\boldsymbol{y}\leftarrow D_\sigma^m$；

（2）计算 $\boldsymbol{h}=H(\boldsymbol{A}y,\mu)$ 和 $\boldsymbol{z}=SK_L\boldsymbol{h}+\boldsymbol{y}$；

（3）以概率 $\min\left(\dfrac{D_\sigma^m(z)}{MD_{SK_L\boldsymbol{h},\sigma}^m(z)},1\right)$ 输出签名 $sig=(\boldsymbol{h},z)$。

Verify：输入 sig、μ、L 以及访问结构 W，该算法输出“1”，当且仅当以下三个条件成立：

（1）$L|=W$；

（2）$\boldsymbol{h}=H(\boldsymbol{A}z-\boldsymbol{H}_{1L}\boldsymbol{h},\mu)$；

（3）$\|\boldsymbol{z}\|\leqslant2\sigma\sqrt{m}$。

5.2.2　方案满足的性质

定理 5.1　以上构造的格上属性基签名方案满足正确性。

证明：由签名阶段可知，只有当 $L|=W$ 时才能得到签名，因而，若有签名，验证阶段的条件 1 必然成立。下面我们考虑条件 2 是否成立，由定理 2.2 和私钥提取阶段的第 2 步可知：

$$
\begin{aligned}
& \boldsymbol{Az}-\boldsymbol{H}_{1L}\cdot\boldsymbol{h} \\
& =\boldsymbol{Az}-\boldsymbol{A}\cdot SK_L\cdot\boldsymbol{h} \\
& =\boldsymbol{A}\left(SK_L\cdot\boldsymbol{h}+\boldsymbol{y}\right)-\boldsymbol{A}\cdot SK_L\cdot\boldsymbol{h} \\
& =\boldsymbol{Ay}
\end{aligned}
\tag{5-1}
$$

所以有 $\boldsymbol{H}(\boldsymbol{Az}-\boldsymbol{H}_{1L}\boldsymbol{h},\ \mu)=\boldsymbol{h}$，故而验证阶段的条件 2 也成立。由抛弃采样技术和引理 2.7 和引理 2.8 可知，向量 z 的分布接近 D_{σ}^{m}，故而 $\|z\|\leqslant 2\sigma\sqrt{m}$ 以至少 $1-2^{-\omega(\log m)}$ 的概率成立。

定理 5.2 假定 SIS 问题是困难的，则以上提出的格上的属性基签名方案在随机预言机模型下是存在性不可伪造的，能够抵抗适应性选择消息攻击和选择访问结构攻击。

证明：假设存在一个多项式时间敌手 $\mathcal{A}$ 能够以不可忽略的概率攻破以上属性基签名方案，那么，我们就可以通过调用 $\mathcal{A}$ 构造一个算法 C 能以如下方式求解 SIS 问题。

调用：调用一个 SIS 问题的实例，算法 C 返回一个该问题的解。

已知：矩阵 $\boldsymbol{A}\in\mathbb{Z}_q^{n\times m}$ 和实数 β。

返回：向量 $\boldsymbol{s}\in\mathbb{Z}^m$ 满足 $\boldsymbol{As}=0\pmod q$，并且 $\|\boldsymbol{s}\|\leqslant\beta$。

Initial Phase：敌手 $\mathcal{A}$ 首先选择一个挑战访问结构 W^* 并将其发送给挑战者 C。

Setup Phase：输入安全参数 n，挑战者 C 随机选择矩阵 $\boldsymbol{A}\in\mathbb{Z}_q^{n\times m}$ 和两个哈希函数 H：$\{0,1\}^*\rightarrow\{\boldsymbol{v}:\boldsymbol{v}\in\{-1,0,1\}^k,\ \|\boldsymbol{v}\|_1\leqslant\lambda\}$，$H_1:\mathbb{Z}_q^n\rightarrow\mathbb{Z}_q^{m\times k}$。其中，定义值域 $D_H=\{\boldsymbol{v}:\ \boldsymbol{v}\in\{-1,0,1\}^k,\ \|\boldsymbol{v}\|_1\leqslant\lambda\}$。最后挑战者 C 发送主公钥 $MPK=\{\boldsymbol{A},H,H_1\}$ 给敌手 $\mathcal{A}$。

Query Phase：敌手 $\mathcal{A}$ 适应性地做以下询问：

（1）H_1 预言机询问。挑战者 C 维持一个列表 $L_{H1}=\{L,SK_L,P_L\}$。输入属性列表 L，挑战者 C 在列表 L_{H1} 中查找 L。如果 L 存在于 L_{H1} 列表中，挑战者将属性 L 对应的 P_L 发送给敌手 $\mathcal{A}$。否则，C 从分布 D_{σ}^{m} 中选择 k 个向量 $\boldsymbol{e}_1,\cdots,\boldsymbol{e}_k$。最后，$C$ 存储 $(L,SK_L=(\boldsymbol{e}_1,\cdots,\boldsymbol{e}_k),P_L=\boldsymbol{A}\cdot SK_L)$ 在列表 L_{H1} 中，并将相应的 P_L 发送给敌手 $\mathcal{A}$。

（2）提取预言机询问。当敌手对属性 L（不满足挑战访问结构 W^*）做提取询问时，挑战者 C 首先在列表 L_{H1} 中查找属性 L。然后，C 返回相应的签名私钥 SK_L 给敌手。

（3）H 预言机询问。挑战者 C 维持一个列表 L_H。输入（$\boldsymbol{Ay}$, μ）做询问时，C 首先在列表 L_H 中查找（$\boldsymbol{Ay}$, μ）。如果（$\boldsymbol{Ay}$, μ）已存在 L_H 列表中，挑战者将其对应的 $\boldsymbol{h}$ 发送给敌手 $\mathcal{A}$。否则，C 从值域 D_H 中随机选择一个向量 $\boldsymbol{h}$。最后，C 存储($\boldsymbol{Ay}$,μ,$\boldsymbol{h}$)在列表 L_H 中，并将相应的 $\boldsymbol{h}$ 发送给敌手 $\mathcal{A}$。

（4）签名预言机询问。输入消息 μ，属性列表 L 和访问结构 W，挑战者 C 首先检查 $L\mid=W$ 是否成立。若成立，C 在列表 L_{H1} 中查找 L 并返回其相应的签名私钥 SK_L。最后，C 运行签名算法得到签名 sig，并将其发送给敌手。

Forgery Phase：结束以上询问后，敌手 $\mathcal{A}$ 以不可忽略的概率输出对（μ^*, L^*, W^*）的伪造签名 sig^* =（$\boldsymbol{h}^*$, z^*）。

C 按如下方式求解 SIS 问题：

接收到伪造签名 sig^* 后，C 利用伪造引理产生一个新的签名 sig'=($\boldsymbol{h}'$, z')满足 $\boldsymbol{h}'\neq\boldsymbol{h}^*$ 且 $\boldsymbol{A}z^*-P_{L^*}\boldsymbol{h}^*=\boldsymbol{A}z'-P_{L'}\boldsymbol{h}'\Rightarrow\boldsymbol{A}(z^*-z'+SK_{L^*}\boldsymbol{h}'-SK_{L^*}\boldsymbol{h}^*)=0$。由于 $\|z^*\|\leqslant2\sigma\sqrt{m}$, $\|z'\|\leqslant2\sigma\sqrt{m}$, $\|SK_{L^*}\boldsymbol{h}^*\|\leqslant s\lambda\sqrt{m}$, $\|SK_{L^*}\boldsymbol{h}'\|\leqslant s\lambda\sqrt{m}$,我们得到 $\|z^*-z'+SK_{L^*}\boldsymbol{h}'-SK_{L^*}\boldsymbol{h}^*\|\leqslant(4\sigma+2s\lambda)\sqrt{m}$能以压倒势的概率成立。

根据格上陷门函数的原像最小熵性质可知，以大概率存在一个新的签名密钥 SK'_{L^*}使得除第 i 列以外与 SK_{L^*} 完全相同，且有 $\boldsymbol{A}SK_{L^*}=\boldsymbol{A}SK'_{L^*}=H_{1L^*}$。由于$(z^*-z'+SK'_{L^*}\boldsymbol{h}'-SK'_{L^*}\boldsymbol{h}^*)-(z^*-z'+SK_{L^*}\boldsymbol{h}'-SK_{L^*}\boldsymbol{h}^*)=(SK'-SK_{L^*})(\boldsymbol{h}'-\boldsymbol{h}^*)\neq0$ 成立，若 $z^*-z'+SK'_{L^*}\boldsymbol{h}'-SK'_{L^*}\boldsymbol{h}^*=0$ 则必有 $z^*-z'+SK_{L'}\boldsymbol{h}'-SK_{L^*}\boldsymbol{h}^*\neq0$。因而，不等式 $z^*-z'+SK_{L'}\boldsymbol{h}'-SK_{L^*}\boldsymbol{h}^*\neq0$ 以至少 0.5 的概率成立。

故而，当 $\beta\geqslant(4\sigma+2s\lambda)\sqrt{m}$时，（$z^*-z'+SK_{L^*}\boldsymbol{h}'-SK_{L^*}\boldsymbol{h}^*$）为以上 SIS 问题的解。

定理 5.3　以上格上的属性基签名方案满足完美私密性。

证明：对于拥有任意属性 L_1 和 L_2 的两个用户，定义其签名私钥分别为 SK_{L1} 和 SK_{L2}，输出签名分别为 sig_1 =（$\boldsymbol{h}_1$, z_1）和 sig_2 =（$\boldsymbol{h}_2$, z_2）。假定 $\boldsymbol{z}_1$ 和 z_2 的分布分别为 D_1 和 D_2，我们分析 $\boldsymbol{h}$ 和 z 的分布如下：

（1）通过抛弃采样技术和引理 2.8，我们容易得到 $\Delta(D_1,D_\sigma^m)\leqslant\frac{2^{-\omega(\log m)}}{M}$，并且 $\Delta(D_2,D_\sigma^m)\leqslant\frac{2^{-\omega(\log m)}}{M}$，故而 $\Delta(D_1,D_2)\leqslant\frac{2^{1-\omega(\log m)}}{M}$是可忽略的。

(2) 由于 $\boldsymbol{h}_1$ 和 $\boldsymbol{h}_2$ 均是来自值域 D_H 上的均匀分布，故而 $\boldsymbol{h}_1$ 和 $\boldsymbol{h}_2$ 也同样有相同的分布。

由（1）和（2）可知签名 $sig_1=(\boldsymbol{h}_1, z_1)$ 和 $sig_2=(\boldsymbol{h}_2, z_2)$ 有相同的分布，因而该签名满足完美私密性。

5.2.3 效率比较

格上现存的属性基签名方案分别为文献[97]~文献[99]中的方案。我们从公钥尺寸、私钥尺寸以及签名尺寸这三个方面比较其效率（见表5-1）。

表 5-1 格上现有属性基签名方案的效率比较

方案	公钥尺寸	私钥尺寸	签名尺寸
[97]	$(4k+2)\ mn\log q+n\log q+k$	$m^2\log q$	$(2k+1)\ m\log q$
[98]	$5mn\log q+k$	$m^2\log q$	$3m\log q$
[99]	$(k+2)\ mn\log q+k$	$m^2\log q$	$3m\log q$
5.2.1 中方案	$mn\log q+k+nk\log q$	$nk\log q$	$m\log q+k$

其中 $m\geqslant 6n\log q$，$k<<n$。由表5-1可知，5.2.1小节中的方案具有更短的公钥尺寸、私钥尺寸和签名尺寸，故而我们有理由认为新方案具有更高的效率。

5.3 NTRU 格上的属性基签名方案

为了进一步提高格上属性基签名方案的效率，本节作者试图将属性基签名方案扩展到 NTRU 格上。

5.3.1 方案构造

本节签名方案需要用到环 $R=\mathbb{Z}[x]/(x^n+1)$ 和 $R_q=\mathbb{Z}_q[x]/(x^n+1)$，其

中 q 为大于等于 5 的素数。x^n+1 模 q 能被分解成 k_q 个不可约因子。$R^{\times}$表示环 R 中可逆元素的集合。

Setup：输入安全参数 n（其中 n 是 2 的幂次），该算法定义公共参数 $PP=$ {大于 3 的素数 q，正整数 k，k_q 和 $\boldsymbol{\lambda}$，两个哈希函数 $H'':\mathbb{Z}_q^n\to\mathbb{Z}_q^n$ 和 $H':\{0,1\}^*\to\{\boldsymbol{v}:\boldsymbol{v}\in\{-1,0,1\}^k,\ \|\boldsymbol{v}\|_1\leqslant\boldsymbol{\lambda}\}$，高斯参数 $s=\widetilde{\Omega}(n^{3/2}\sigma)$ 和 $\hat{\sigma}=12\lambda sn$}。其中 σ 满足：若 $k_q=n$，$\sigma=n\sqrt{\ln(8nq)}\cdot q^{1/2+\varepsilon}, q^{1/2-\varepsilon}=\widetilde{\Omega}(n^{7/2})$；若 $k_q=2$，则有高斯参数 $\sigma=\sqrt{n\ln(8nq)}\cdot q^{1/2+\varepsilon}, q^{1/2-\varepsilon}=\widetilde{\Omega}(n^3)$。然后可信的权威机构运行 NTRU 格上的陷门生成算法，返回主私钥 $MSK=\boldsymbol{B}=\begin{pmatrix}\boldsymbol{C}(f) & \boldsymbol{C}(g)\\ \boldsymbol{C}(F) & \boldsymbol{C}(G)\end{pmatrix}$和主公钥 $MPK=h=g/f\in R_q^{\times}$。

Extract：输入 PP、MSK、MPK 以及属性列表 L，执行以下操作。

（1）如果 SK_L 已经存在，则将其发送给拥有属性列表 L 的用户；

（2）否则，对每一个属性 v_{ij} 都选择一个多项式 $u_{ij}\in R_q$，然后计算 $H_L=\sum_{v_{ij}\in L}H''(u_{ij})$；

（3）运行 NTRU 格上的原像采样算法 SamplePre$(\boldsymbol{B},s,(H_L,0))$得$(s_1, s_2)$满足$\{s_1+s_2*h=H_L\}$；

（4）存储并输出 $SK_L=(s_1,s_2)$。

Sign：假定一个拥有属性列表 L 的用户想要在访问结构 W 下签名消息 μ，当 $L|=W$ 时执行以下操作：

（1）选择多项式 y_1，$y_2\in D_{\hat{\sigma}}^n$；

（2）计算 $u=H'(y_1+h*y_2,\ \mu)$；

（3）对 $i=1$，2，计算 $z_i=y_i+s_i*u$；

（4）以概率 $\min\left(\dfrac{D_{\hat{\sigma}}^n(z_i)}{MD_{s_iu,\hat{\sigma}}^n(z_i)},\ 1\right)$ 输出签名 $sig=(z_1,\ z_2,\ u)$。

Verify：输入 sig、μ、L 以及访问结构 W，该算法输出“1”，当且仅当：

（1）$L|=W$；

（2）$H'(h*z_2+z_1-H_L*u,\ \mu)=u$；

（3）$\|(z_1,\ z_2)\|\leqslant 2\hat{\sigma}\sqrt{2n}$。

5.3.2 方案满足的性质

定理 5.4 以上 NTRU 格上的属性基签名方案满足正确性。

证明：由签名阶段可知，只有当 $L|=W$ 时才能得到签名，因而，若有签名，验证阶段的条件 1 必然成立。下面我们考虑条件 2 是否成立，由定理 2.2 和私钥提取阶段的第 2 步可知：

$$\begin{aligned}&h*z_2+z_1-H_L*u\\&=h*(y_2+s_2*u)+y_1+s_1*u-H_L*u\\&=(y_1+y_2*h)+(s_1+s_2*h)*u-H_L*u\\&=(y_1+y_2*h)+(s_1+s_2*h)*u-(s_1+s_2*h)*u\\&=y_1+y_2*h\end{aligned} \tag{5-2}$$

所以有 $H'(h*z_2+z_1-H_L*u,\ \mu)=u$，故而验证阶段的条件 2 也成立。由抛弃采样技术和引理 2.7 和引理 2.8 可知，向量 z_1 和 z_2 的分布接近 $D_{\hat{\sigma}}^n$，故而有 $\|(z_1,z_2)\|\leqslant 2\hat{\sigma}\sqrt{2n}$ 以至少 $1-2^{-\omega(\log 2n)}$ 的概率成立。

定理 5.5 假定 NTRU 格上的小整数解问题是困难的，则以上提出的 NTRU 格上的属性基签名方案在随机预言机模型下是存在性不可伪造的，能够抵抗适应性选择消息攻击和选择访问结构攻击。

证明：假设存在一个多项式时间敌手 $\mathcal{A}$ 能够以不可忽略的概率攻破以上属性基签名方案，那么，我们可以通过调用敌手 $\mathcal{A}$ 构造一个算法 C 能以如下方式求解 NTRU 格上的 SIS 问题。

调用：调用一个 NTRU 格上 SIS 问题的实例，C 返回一个该问题的解。

已知：多项式 $h\in R^{\times}$ 和实数 β。

返回：向量 $(v_1,v_2)\in\mathbb{R}_q^{1\times 2}$ 满足 $v_1+v_2*h=0(\bmod q)$ 和 $\|(v_1,v_2)\|\leqslant\beta$。

Initial Phase：敌手 $\mathcal{A}$ 首先选择一个挑战访问结构 W^*，并将其发送给 C

。

Setup Phase：输入安全参数 n，C 随机选择矩阵 $h\in R^{\times}$ 和两个哈希函数 $H'':\mathbb{Z}_q^n\to\mathbb{Z}_q^n$ 和 $H':\{0,1\}^*\to D_{H'}=\{\boldsymbol{v}:\boldsymbol{v}\in\{-1,0,1\}^k,\ \|\boldsymbol{v}\|_1\leqslant\lambda\}$。最后，挑战者 C 发送主公钥 $MPK=\{h,H'',H'\}$ 给敌手 $\mathcal{A}$。

Query Phase：敌手 $\mathcal{A}$ 适应性地做以下询问：

(1) H''预言机询问。挑战者 C 维持一个列表 $L_{H3}=\{L,SK_L,P_L\}$。输入

属性列表 L，C 在列表 L_{H3} 中查找 L。如果 L 存在于 L_{H3} 列表中，挑战者将属性 L 对应的 P_L 发送给敌手 $\mathcal{A}$。否则，C 从分布 D_s^n 中选择 2 个向量 s_1 和 s_2。最后，C 存储（L，$SK_L=(s_1, s_2)$，$P_L=s_1+s_2*h$）在列表 L_{H3} 中，并将相应的 P_L 发送给敌手 $\mathcal{A}$。

（2）提取预言机询问。当敌手对属性 L（不满足挑战访问结构 W^*）做提取询问时，挑战者 C 首先在列表 L_{H3} 中查找属性 L。然后，C 返回相应的签名私钥 SK_L 给敌手。

（3）H'预言机询问。挑战者 C 维持一个列表 L_{H4}。输入(y_1+y_2*h, μ)，C 首先在列表 L_{H1} 中查找（y_1+y_2*h, μ）。如果（y_1+y_2*h, μ）存在于 L_{H4} 列表中，挑战者将其对应的 u 发送给敌手 $\mathcal{A}$。否则，挑战者 C 从值域 $D_H{}'$中随机选择一个向量 u。最后，C 存储（y_1+y_2*h, μ, u）在列表 L_{H4} 中，并将相应的 u 发送给敌手 $\mathcal{A}$。

（4）签名预言机询问。输入消息μ，属性列表 L 和访问结构 W，挑战者 C 首先检查 $L|=W$ 是否成立。若成立，C 在列表 L_{H3} 中查找 L 并返回其相应的签名私钥 SK_L。最后，C 运行签名算法得到签名 sig，并将其发送给敌手。

Forgery Phase：结束以上询问后，敌手 $\mathcal{A}$ 以不可忽略的概率输出对（μ^*, L^*, W^*）的伪造签名 $sig^*=(u^*, z_1^*, z_2^*)$。

C 按如下方式求解 NTRU 格上的 SIS 问题。

接收到伪造签名 sig^* 后，挑战者利用伪造引理[75]产生一个新的签名 $sig'=(u', z'_1, z'_2)$满足等式 $z_1^*+z_2^**h-P_{L^*}u^*=z'_1+z'_2*h-P_{L'}u'$和不等式 $u^*\neq u'$成立，进而可以推导出等式$[(z_1^*-z'_1)-s_1^**(u^*-u')]+[(z_2^*-z'_2)+s_2^**(u^*-u')]*h=0$ 成立。由于 $\|z_1^*\|\leq 2\hat{\sigma}\sqrt{n}$，$\|z'_1\|\leq 2\hat{\sigma}\sqrt{n}$，$\|z_2^*\|\leq 2\hat{\sigma}\sqrt{n}$，$\|z'_2\|\leq 2\hat{\sigma}\sqrt{n}$，$\|s_1^**(u^*-u')\|$和$\|s_2^**(u^*-u')\|\leq\lambda s\sqrt{n}$，故而$\|(z_1^*-z'_1)-s_1^**(u^*-u')\|\leq(4\hat{\sigma}+2s\lambda)\sqrt{n}$，$\|(z_2^*-z'_2)+s_2^**(u^*-u')\|\leq(4\hat{\sigma}+2s\lambda)\sqrt{n}$。所以，我们得到$\|([(z_1^*-z'_1)-s_1^**(u^*-u')],[(z_2^*-z'_2)+s_2^*(u^*-u')])\|\leq(4\hat{\sigma}+2s\lambda)\sqrt{2n}$能以压倒势的概率成立。

根据 NTRU 格上陷门函数的原像最小熵性质可知，以大概率存在一个新的签名密钥 $SK'_{L^*}=(s'_1, s'_2)$使得除第 i 个系数以外与(s_1^*, s_2^*)完全相同，且有 $s'_1+s'_2*h=H_{L^*}$。若 $s'_1\neq s_1^*$，则有$[z_1^*-z'_1-s_1^*(u^*-u')]-[z_1^*-z'_1-s'_1(u^*-u')]=(s'_1-s_1^*)(u^*-u')\neq 0$。所以若 $z_1^*-z'_1-s'_1(u^*-u')=0$，则 $z_1^*-z'_1-s_1^*$

$(u^*-u')\neq 0$。同理,若 $s'_2\neq s_2^*$,则有 $[z_2^*-z'_2-s_2^*(u^*-u')]-[z_2^*-z'_2-s'_2(u^*-u')]=(s'_2-s_2^*)(u^*-u')\neq 0$。所以如果 $z_2^*-z'_2-s'_2(u^*-u')=0$,则 $z_2^*-z'_2-s_2^*(u^*-u')\neq 0$。综合以上两种情况可得,$([z_1^*-z'_1-s_1^*(u^*-u')],[z_2^*-z'_2+s_2^*(u^*-u')])\neq 0$ 以至少 0.75 的概率成立。

故而，当 $\beta\geqslant(4\hat{\sigma}+2s\lambda)\sqrt{2n}$ 时，$([(z_1^*-z'_1)-s_1^**(u^*-u')],[(z_2^*-z'_2)+s_2^*(u^*-u')])$ 为以上 NTRU 格上 SIS 问题的解。

定理 5.6 以上 NTRU 格上的属性基签名方案满足完美私密性。

证明：对于拥有任意属性 L_1 和 L_2 的两个用户，定义其签名私钥分别为 SK_{L1} 和 SK_{L2}，输出签名分别为 $sig_1=(u_1,(z_{11},z_{12}))$ 和 $sig_2=(u_2,(z_{21},z_{22}))$。假定 (z_{11},z_{12}) 和 (z_{21},z_{22}) 的分布分别为 D_1 和 D_2。我们分析 u 和 z 的分布如下：

（1）通过抛弃采样技术和引理 2.8 容易得到 $\Delta(D_1,D_{\hat{\sigma}}^n)\leqslant\frac{2^{-\omega(\log 2n)}}{M}$ 和 $\Delta(D_2,D_{\hat{\sigma}}^n)\leqslant\frac{2^{-\omega(\log 2n)}}{M}$,故而 $\Delta(D_1,D_2)\leqslant\frac{2^{1-\omega(\log 2n)}}{M}$ 是可忽略的。

（2）由于 u_1 和 u_2 均是来自值域 $D_{H'}$ 上的均匀分布，故而 u_1 和 u_2 也有相同的分布。

由（1）和（2）可知签名 $sig_1=(u_1,(z_{11},z_{12}))$ 和 $sig_2=(u_2,(z_{21},z_{22}))$ 有相同的分布，因而该签名满足完美私密性。

另外，该签名方案的公钥尺寸，私钥尺寸以及签名尺寸分别为 $n\log q$，$2n\log q$ 和 $2n\log q+k$，与上节表格中的尺寸相比，该签名的尺寸更短，因而该方案拥有更高的效率。

5.4 NTRU 格上的属性基环签名方案

Li 等在文献［100］中首次将属性技术和环签名的概念相结合，提出了属性基环签名方案这一概念。在属性基环签名方案中，用户的身份均由多个属性组成。在签名过程中，具有某些属性的成员组成一个环，且每个成员具有许多不同的属性。签名者根据消息的内容灵活地决定他以什么身份来发布消息，从而使验证者既能相信消息的真实性，同时又能隐藏签名者的身份。

本节我们利用上节提出的属性基签名方案，将其与环签名巧妙联系起来，提出 NTRU 格上属性基环签名方案。该方案与第 4 章的 NTRU 格上的环签名方案相比，更灵活，更加容易组成，且环签名的长度不再受限于环中成员个数。

5.4.1　属性基环签名方案的定义及安全性模型

定义 5.5（属性基环签名方案）　一个基于属性的环签名方案由以下 4 个算法构成。

Setup：输入系统的安全参数 n，该算法计算并输出系统的主密钥 MSK、主公钥 MPK 和系统公共参数 PP。

Extract：给定属性集合 L，主私钥 MSK，该算法计算并输出对应私钥 SK_L。

Sign：输入待签名消息 μ 以及用户属性 $L' \subset L$，该算法利用私钥 SK_L 计算并输出关于消息 μ 的签名 sig。

Verify：给定消息 μ、属性 L'、签名 sig，验证者输出“1”，当且仅当 sig 为在属性 L'下对消息 μ 的合法签名。否则，输出“0”。

安全的环签名方案必须满足不可伪造性和匿名性两个性质，具体如下：

定义 5.6（属性基环签名方案的不可伪造性）　假设存在一个多项式时间敌手 $\mathcal{A}$，若 $\mathcal{A}$ 赢得以下交互游戏的概率是可忽略的，我们称该属性基环签名方案在选择消息攻击下是存在性不可伪造的。挑战者和敌手的交互游戏如下：

初始化：输入挑战属性 $|L^*| \leq d$，d 表示方案中属性集合的最大尺寸。

系统建立：输入安全参数 n，挑战者运行 **Setup** 输出系统公共参数 PP 和主公/私钥，并将 PP 和主公钥发送给敌手 $\mathcal{A}$。

询问：敌手 $\mathcal{A}$ 可以做以下多项式次的随机预言机询问。

（1）私钥提取预言机询问：给定属性集合 L，该算法计算并发送其对应的签名私钥 SK_L 给敌手。

（2）签名预言机询问：输入消息 μ 和属性集合 L，该算法计算并发送其对应的签名 sig 给敌手 $\mathcal{A}$。注意，此时询问的属性集合必须满足 $L^* \not\subseteq L$。

伪造：敌手输出一个伪造签名（μ^*，L^*，sig^*）。其中，（μ^*，L^*）未被发送要求做签名询问，且（μ^*，L^*，sig^*）能通过验证时我们称敌手 $\mathcal{A}$ 赢得以上交互游戏。

定义 5.7（属性基环签名方案的匿名性） 假设存在一个多项式时间敌手 $\mathcal{A}_1$，若 $\mathcal{A}_1$ 的优势是可忽略的，我们称该属性基环签名方案满足匿名性。此时的匿名是相对于具有相同属性的用户和属性管理中心来说的。挑战者和敌手 $\mathcal{A}_1$ 的交互游戏如下：

系统建立：输入安全参数 n，挑战者运行 **Setup** 输出系统公共参数 PP 和主公/私钥，并将 PP 和主公钥发送给敌手 $\mathcal{A}_1$。

挑战：敌手 $\mathcal{A}_1$ 分别输入消息 μ，两个属性 L_1^*，L_2^*（挑战属性为 L^*）做签名询问，其中 $\bar{L}^*=L_1^*\cap L_2^*$，$L^*\subseteq\bar{L}^*$ 且有 $|L^*|\leqslant d$。假定对属性 L_1^*，L_2^* 进行私钥提取得到的私钥分别是 $SK_{L_1^*}$ 和 $SK_{L_2^*}$。那么，挑战者随机选择 $b\in\{1,2\}$，计算并发送挑战签名 $sig^*=\mathbf{Sign}(\mu^*,L^*,SK_{L_b^*})$ 给敌手 $\mathcal{A}_1$。

猜测：敌手 $\mathcal{A}_1$ 猜测签名是来自 L_1^* 还是 L_2^*，并输出 b'。若 $b'=b$ 我们称敌手赢得该交互游戏。定义敌手优势为 $Adv_{ARS}^{anon}=\Pr[b'=b]-1/2$。

5.4.2 NTRU 格上的属性基环签名方案

Setup：输入安全参数 n(其中 n 是 2 的幂次)，该算法定义公共参数 $PP=\{$大于 3 的素数 q，正整数 k，k_q 和 λ，两个哈希函数 $H'':\mathbb{Z}_q^n\to\mathbb{Z}_q^n$ 和 $H':\{0,1\}^*\to\{\boldsymbol{v}:\boldsymbol{v}\in\{-1,0,1\}^k,\ \|\boldsymbol{v}\|_1\leqslant\lambda\}$，高斯参数 $s=\widetilde{\Omega}(n^{3/2}\sigma)$ 和 $\hat{\sigma}=12\lambda sn\}$。其中 σ 满足：若 $k_q=n$，$\sigma=n\sqrt{\ln(8nq)}\cdot q^{1/2+\varepsilon}$，$q^{1/2-\varepsilon}=\widetilde{\Omega}(n^{7/2})$；若 $k_q=2$，则有高斯参数 $\sigma=\sqrt{n\ln(8nq)}\cdot q^{1/2+\varepsilon}$，$q^{1/2-\varepsilon}=\widetilde{\Omega}(n^3)$。然后可信的权威机构运行 NTRU 格上的陷门生成算法，返回主私钥 $MSK=\boldsymbol{B}=\begin{pmatrix}\boldsymbol{C}(f) & \boldsymbol{C}(g)\\ \boldsymbol{C}(F) & \boldsymbol{C}(G)\end{pmatrix}$ 和主公钥 $MPK=h=g/f\in R_q^\times$。

Extract：输入 PP、MSK、MPK 以及属性集合 L，执行以下操作：

(1) 如果 SK_L 已经存在，则将其发送给拥有属性集合 L 的用户；

(2) 否则，对每一个属性 v_{ij} 都选择一个多项式 $u_{ij}\in R_q$，然后计算

$H_L=\sum_{v_{ij}\in L}H''(u_{ij})$；

（3）运行 NTRU 格上的原像采样算法 $SamplePre(\boldsymbol{B}, s, (H_L, 0))$ 得 (s_1, s_2) 满足 $\{s_1+s_2*h=H_L\}$；

（4）存储并输出 $SK_L=(s_1, s_2)$。

Sign：假定用户的属性 L' 满足 $L'\subset L$，则该用户使用密钥 SK_L 计算消息 μ 的签名：

（1）选择多项式 $y_1, y_2\in D_\sigma^n$；

（2）计算 $u=H'(y_1+h*y_2, \mu)$；

（3）对 $i=1, 2$，计算 $z_i=y_i+s_i*u$；

（4）以概率 $\min\left(\frac{D_{\hat{\sigma}}^n(z_i)}{MD_{s_iu,\hat{\sigma}}^n(z_i)}, 1\right)$ 输出签名 $sig=(z_1, z_2, u)$。

Verify：输入 sig，μ 和 L'，该算法输出“1”，当且仅当：

（1）$H'(h*z_2+z_1-H_L*u, \mu)=u$；

（2）$\|(z_1,z_2)\|\leqslant 2\hat{\sigma}\sqrt{2n}$。

5.4.3 方案满足的性质

定理 5.7 以上 NTRU 格上的属性基环签名方案满足正确性。

证明：由签名阶段可知，当 $L'\subset L$ 时，由签名阶段第 3 步和私钥提取阶段的第 3 步可知：

$$\begin{aligned}&h*z_2+z_1-H_L*u\\&=h*(y_2+s_2*u)+y_1+s_1*u-H_L*u\\&=(y_1+y_2*h)+(s_1+s_2*h)*u-H_L*u\\&=(y_1+y_2*h)+(s_1+s_2*h)*u-(s_1+s_2*h)*u\\&=y_1+y_2*h\end{aligned}\tag{5-3}$$

所以有 $H'(h*z_2+z_1-H_L*u, \mu)=u$，故而验证阶段的条件 2 也成立。由抛弃采样技术和引理 2.7 和引理 2.8 可知，向量 z_1 和 z_2 的分布接近 $D_{\hat{\sigma}}^n$，故而有 $\|(z_1,z_2)\|\leqslant 2\hat{\sigma}\sqrt{2n}$ 以至少 $1-2^{-\omega(\log 2n)}$ 的概率成立。

定理 5.8 假定 NTRU 格上的 SIS 问题是困难的，以上提出的格上的属性基环签名方案在随机预言机模型下是存在性不可伪造的，能够抵抗适应性选择消息攻击和选择属性列表攻击。

证明：假设存在一个多项式时间敌手 $\mathcal{A}$ 能够以不可忽略的概率攻破以上属性基环签名方案，那么我们可以构造一个挑战者 C 能以如下方式求解 NTRU 格上的 SIS 问题。

调用：调用一个 NTRU 格上的 SIS 问题的实例，模拟器 C 返回一个该问题的解。

已知：多项式 $h \in R^{\times}$和实数 β。

返回：向量（v_1，v_2）$\in \mathbb{R}_q^{1\times2}$ 满足 $v_1+v_2 * h=\mathbf{0}$（mod$q$）和 $\|(v_1, v_2)\| \leqslant \beta$。

初始化：敌手 $\mathcal{A}$ 首先选择一个挑战访问结构 L^* 并将其发送给挑战者 C。

系统建立：输入安全参数 n，挑战者 C 随机选择多项式 $h \in R^{\times}$和两个哈希函数 $H'': \mathbb{Z}_q^n \rightarrow \mathbb{Z}_q^n$ 和 $H': \{0, 1\}^* \rightarrow D_{H'}=\{\boldsymbol{v}: \boldsymbol{v} \in \{-1,0,1\}^k, \|\boldsymbol{v}\|_1 \leqslant \lambda\}$。最后模拟者 C 发送主公钥 $MPK=\{h, H'', H'\}$ 给敌手 $\mathcal{A}$。

询问阶段：敌手 $\mathcal{A}$ 适应性地做以下询问：

（1）H''预言机询问：挑战者 C 维持一个列表 $L_{H3}=\{L, SK_L, P_L\}$。输入属性列表 L，C 在列表 L_{H3} 中查找 L。如果 L 存在于 L_{H3} 列表中，模拟者将属性 L 对应的 P_L 发送给敌手 $\mathcal{A}$。否则，挑战者 C 从分布 D_s^n 中选择 2 个向量 s_1 和 s_2。最后，C 存储（L，$SK_L=(s_1, s_2)$，$P_L=s_1+s_2 * h$）在列表 L_{H3} 中，并将相应的 P_L 发送给敌手 $\mathcal{A}$。

（2）提取预言机询问：当敌手对属性 L（$L^* \not\subseteq L$）做提取询问时，挑战者 C 首先在列表 L_{H3} 中查找属性 L。然后，C 返回相应的签名私钥 SK_L 给敌手。

（3）H'预言机询问：挑战者 C 维持一个列表 L_{H4}。输入（$y_1+y_2 * h$，μ），挑战者 C 首先在列表 L_{H1} 中查找（$y_1+y_2 * h$，μ）。如果（$y_1+y_2 * h$，μ）存在于 L_{H4} 列表中，C 将其对应的 u 发送给敌手 $\mathcal{A}$。否则，挑战者 C 从值域 $D_{H'}$ 中随机选择一个向量 u。最后，C 存储（$y_1+y_2 * h$，μ，u）在列表 L_{H4} 中，并将相应的 u 发送给敌手 $\mathcal{A}$。

（4）签名预言机询问：输入消息 μ，属性列表 L'，挑战者 C 首先检查 $L' \subset L$ 是否成立。若成立挑战者在列表 L_{H3} 中查找 L 并返回其相应的签名私钥 SK_L。最后 C 运行签名算法得到签名 sig，并将其发送给敌手 $\mathcal{A}$。

伪造：结束以上询问后，敌手 $\mathcal{A}$ 以不可忽略的概率输出对（μ^*，L^*）的伪造签名 $sig^*=(u^*, z_1^*, z_2^*)$。

C 按如下方式求解 NTRU 格上的 SIS 问题：

接收到伪造签名 sig^* 后，挑战者利用伪造引理[75] 产生一个新的签名 $sig'=(u',z'_1,z'_2)$ 满足等式 $z_1^*+z_2^**h-P_{L^*}u^*=z'_1+z'_2*h-P_{L'}u'$ 和不等式 $u^*\neq u'$,进而可以推出等式 $[(z_1^*-z'_1)-s_1^**(u^*-u')]+[(z_2^*-z'_2)+s_2^**(u^*-u')]*h=0$。由于不等式 $\|z_1^*\|\leqslant 2\hat{\sigma}\sqrt{n}$，$\|z'_1\|\leqslant 2\hat{\sigma}\sqrt{n}$，$\|z_2^*\|\leqslant 2\hat{\sigma}\sqrt{n}$，$\|z'_2\|\leqslant 2\hat{\sigma}\sqrt{n}$，$\|s_1^**(u^*-u')\|\leqslant\lambda s\sqrt{n}$ 以及不等式 $\|s_2^**(u^*-u')\|\leqslant\lambda s\sqrt{n}$ 成立,故而有 $\|(z_1^*-z'_1)-s_1^**(u^*-u')\|\leqslant(4\hat{\sigma}+2s\lambda)\sqrt{n}$ 和 $\|(z_2^*-z'_2)+s_2^**(u^*-u')\|\leqslant(4\hat{\sigma}+2s\lambda)\sqrt{n}$ 成立。所以,我们得到不等式 $\|([(z_1^*-z'_1)-s_1^**(u^*-u')],[(z_2^*-z'_2)+s_2^*(u^*-u')])\|\leqslant(4\hat{\sigma}+2s\lambda)\sqrt{2n}$ 能以压倒势的概率成立。

根据 NTRU 格上陷门函数的原像最小熵性质可知，以极大概率存在一个新的签名密钥 $SK'_{L^*}=(s'_1,s'_2)$ 使得除第 i 个系数以外与 (s_1^*,s_2^*) 完全相同，且有 $s'_1+s'_2*h=H_{L^*}$。若 $s'_1\neq s_1^*$ 则有 $[z_1^*-z'_1-s_1^*(u^*-u')]-[z_1^*-z'_1-s'_1(u^*-u')]=(s'_1-s_1^*)(u^*-u')\neq 0$。所以若 $z_1^*-z'_1-s'_1(u^*-u')=0$,则 $z_1^*-z'_1-s_1^*(u^*-u')\neq 0$。同理,若 $s'_2\neq s_2^*$ 则有 $[z_2^*-z'_2-s_2^*(u^*-u')]-[z_2^*-z'_2-s'_2(u^*-u')]=(s'_2-s_2^*)(u^*-u')\neq 0$。所以如果 $z_2^*-z'_2-s'_2(u^*-u')=0$,则 $z_2^*-z'_2-s_2^*(u^*-u')\neq 0$。综合以上两种情况可得,$([z_1^*-z'_1-s_1^*(u^*-u')],[z_2^*-z'_2+s_2^*(u^*-u')])\neq 0$ 以至少 0.75 的概率成立。

故而，当 $\beta\geqslant(4\hat{\sigma}+2s\lambda)\sqrt{2n}$ 时，$([z_1^*-z'_1-s_1^*(u^*-u')],[z_2^*-z'_2+s_2^*(u^*-u')])$ 为以上 NTRU 格上 SIS 问题的解。

定理 5.9　本节 NTRU 格上的属性基环签名方案满足无条件匿名性。

证明：对于拥有任意属性 L_1^* 和 L_2^* 的两个用户，其签名私钥分别为 $SK_{L_1^*}$ 和 $SK_{L_2^*}$。由于 $\bar{L}^*=L_1^*\cap L_2^*$，$L^*\subseteq\bar{L}^*$，属性 L^* 下关于消息 m^* 的签名既可由 $SK_{L_1^*}$ 签名得到也可由 $SK_{L_2^*}$ 签名得来。假定 $SK_{L_1^*}$ 和 $SK_{L_2^*}$ 对应输出签名分别为 $sig_1=(u_1,(z_{11},z_{12}))$ 和 $sig_2=(u_2,(z_{21},z_{22}))$,且 (z_{11},z_{12}) 和 (z_{21},z_{22}) 的分布分别为 D_1 和 D_2。我们分析 u 和 z 的分布如下：

（1）通过抛弃采样技术和引理 2.8,我们容易得到 $\Delta(D_1,D_{\hat{\sigma}}^n)\leqslant\frac{2^{-\omega(\log 2n)}}{M}$ 和 $\Delta(D_2,D_{\hat{\sigma}}^n)\leqslant\frac{2^{-\omega(\log 2n)}}{M}$,故而 $\Delta(D_1,D_2)\leqslant\frac{2^{1-\omega(\log 2n)}}{M}$ 是可忽略的。

（2）由于 u_1 和 u_2 均是来自 $D_{H'}$ 上的均匀分布，故而 u_1 和 u_2 也有相同的分布。

由（1）和（2）可知签名 $sig_1=(u_1,(z_{11},z_{12}))$ 和 $sig_2=(u_2,(z_{21},z_{22}))$ 有相同的分布，因而该签名满足无条件匿名性。

分析可知，该签名方案的公钥尺寸，私钥尺寸以及签名尺寸与上节 NTRU 格上属性基签名方案的对应尺寸一致，分别为 $n\log q$，$2n\log q$ 和 $2n\log q+k$。因而，该方案拥有较高的效率。与本书第 4 章的环签名方案相比，该方案的签名长度已与环成员人数无关，故而克服了环人数的限制，成为目前最高效的格上环签名方案。

5.5 小结

本章我们首先给出属性基签名方案的发展历程，随后，给出了其定义以及安全性模型。在后量子时代即将到来之际，格上属性基签名方案的研究正在如火如荼地进行。然而，现有的格上属性基签名方案的效率不甚令人满意。针对这一现状，我们利用抛弃采样技术提出了格上的一个高效的属性基签名方案，并证明了其安全性。为了进一步提高效率，我们将该方案扩展至 NTRU 格上，得到 NTRU 格上的属性基签名方案。为了提高环签名方案的效率，摆脱环成员人数的制约，我们将属性基应用到环签名中，从而构造了 NTRU 格上签名尺寸与环成员人数无关的环签名方案。

第 6 章　NTRU 格上的无证书以及基于证书的签名方案

数字签名自 1976 年提出以来，已经有了 40 多年的历史。所以构造安全的普通数字签名方案及其应用已经不再是当今的研究热点。轻量级密码的出现使得轻量认证成为目前数字签名面临的主要问题。在传统的公钥密码系统中，可信的认证中心需要向用户分发证书，从而保证用户的身份认证。这就带来一个令人困扰的问题，即证书管理问题。为了解决这一问题，密码学家们提出了基于身份的公钥密码体制[53]。在基于身份的公钥密码系统中，用户的公钥是用户身份的函数，而私钥则是由私钥生成中心（KGC）结合用户身份生成的。因而，在身份基公钥系统中已不存在证书管理问题，但是，不难发现，身份基公钥密码系统中，KGC 知道所有用户的私钥，这就带来了用户密钥的托管问题，并且存在私钥泄露的风险。为了同时解决私钥泄露问题和证书管理问题，Al-Riyami 和 Paterson 于 2003 年引入了无证书公钥密码学的概念[101]。在无证书公钥密码系统中，密钥生成中心（KGC）仍然存在，但它只负责为用户分发部分私钥，每一个用户自身也会产生一个秘密值。因而，无证书公钥密码系统可有效地防止密钥泄露。另外，在无证书公钥密码系统中，已经不再需要相关公钥的认证证书，因而也就不存在烦琐的证书管理问题。随后，Gentry[102] 提出了基于证书的密码系统，它是与无证书密码系统相对应的。在基于证书的公钥密码系统中，每个用户的公钥证书都是隐含在私钥中，因而能降低证书的管理开销。同时，其私钥也是由 KGC 生成的私钥和用户自己生成的证书共同构成，因而也能有效避免私钥泄露。

无证书和基于证书的签名方案自提出以来受到了广泛的关注，一大批优秀的方案如雨后春笋般涌现出来[45,103-109]。与此同时，作为后量子时代的最佳候选方案，格公钥密码近几年发展迅速，但格上的无证书和基于证书的密码方案少之又少。

本章首次提出了 NTRU 格上的无证书签名方案和基于证书的签名方案，并在随机预言机模型下证明了方案的安全性。

6.1 无证书签名方案

6.1.1 无证书签名的定义

定义 6.1（无证书签名方案） 一个无证书签名方案由以下 7 个多项式时间算法构成，系统生成（Setup）、部分私钥提取（Extract-Pratial-Private-Key）、设置秘密值（Set-Secret-Value）、私钥设置（Set-Private-Key）、公钥设置（Set-Public-Key）、无证书签名（CL-Sign）以及无证书验证（CL-Verify）。

Setup：输入安全参数 n，KGC 运行该算法输出系统主公钥/主私钥（MPK，MSK）。

Extract-Partial-Private-Key：输入系统主私钥 MSK 以及用户身份 id，KGC 运行该算法输出身份为 id 的用户的部分私钥 d_{id}，并将其通过安全的信道发送给该用户。

Set-Secret-Value：该算法由各个用户独自运行。输入用户的身份 id，该用户输出其对应身份的私密值 s_{id}。

Set-Private-Key：输入部分私钥 d_{id} 和私密值 s_{id}，拥有身份 id 的用户独自运行该算法输出该用户的完整私钥 sk_{id}。

Set-Public-Key：输入用户的完整私钥 sk_{id}，该用户运行该算法输出其公钥 pk_{id}。

CL-Sign：输入消息 μ，用户身份 id 以及用户完整私钥 sk_{id}，KGC 运行该算法输出消息 μ 的签名 sig。

CL-Verify：输入（sig，μ，id，pk_{id}），该算法输出“1”当且仅当签名有效。否则，输出“0”。

定义 6.2（正确性） 令$(MPK,MSK)\leftarrow$**Setup**(n)，对任意的身份 id 有部分密钥 $d_{id}\leftarrow$**Extract-Partial-Private-Key**(MSK,id)，私密值 $s_{id}\leftarrow$**Set-Se-**

cret-Value(id),私钥 sk_{id} ←**Set-Private-Key**（d_{id}，s_{id}），公钥 pk_{id} ←**Set-Public-Key**（sk_{id}），sig ←**CL-Sign**（μ，d，sk_{id}），若对于任意的消息 μ，验证算法 **CL-Verify**（μ，id，pk_{id}）以压倒势的概率输出“1”，我们称该无证书签名算法满足正确性。

6.1.2　无证书签名方案的安全性模型

定义 6.3（不可伪造性）　考虑无证书签名方案的不可伪造性时，往往有以下两种安全威胁要考虑，当方案能够抵抗以下两种攻击时我们称该方案是不可伪造的。

Type1：外部用户攻击，即 $\mathcal{A}_1$。在这一类攻击中敌手 $\mathcal{A}_1$ 可以用自己选择的值来替换任何用户的公钥。

Type2：内部 KGC 攻击，即 $\mathcal{A}_2$。在这一类攻击中 $\mathcal{A}_2$ 是一个恶意的 KGC，知晓主私钥，因而能够得到任何用户的部分密钥。

但是，我们要求第一类敌手只能替换用户公钥不能获得任意用户的部分密钥，而第二类敌手只能得到主私钥而不能替换任意用户的公钥。

无证书签名方案的安全性模型根据两类敌手可分为以下两个游戏，Game1 和 Game2。

Game1 运行如下。

初始化（Initialization）：挑战者 C 首先运行 **Setup** 算法生成主私钥 MSK。此处敌手 $\mathcal{A}_1$ 是外部攻击者，不知道主私钥。

询问（Queries）：敌手 $\mathcal{A}_1$ 可以适应性地做以下询问。

（1）创建用户预言机（Create-User-Oracle）询问。挑战者维护一个初始为空的列表 $L_C = \{id, d_{id}, s_{id}, sk_{id}, pk_{id}\}$。输入身份 $id \in \{0, 1\}^*$，挑战者首先在列表 L_C 中查找 id。若 id 已存在于列表 L_C 中，挑战者 C 返回与身份 id 匹配的公钥 pk_{id} 给敌手 $\mathcal{A}_1$。否则，挑战者依次运行 **Extract-Partial-Private-Key**、**Set-Secret-Value**、**Set-Private-Key** 和 **Set-Public-Key** 输出（d_{id}，s_{id}，sk_{id}，pk_{id}）。然后挑战者 C 将（id，d_{id}，s_{id}，sk_{id}，pk_{id}）存储在列表 L_C 中，并返回 pk_{id} 给敌手。

（2）提取部分私钥预言机（Extract-Secret-Value-Oracle）询问：给定身份 $id \in \{0, 1\}^*$，挑战者 C 在列表 L_C 中查找身份 id，并将其匹配的部分私钥 d_{id} 返还给敌手 $\mathcal{A}_1$。

（3）提取私密值预言机（Extract-Secret-Value-Oracle）询问：输入用户身份 id，挑战者 C 在列表 L_C 中查找身份 id，并将与其匹配的私密值 s_{id} 返还给敌手 $\mathcal{A}_1$。

（4）替换公钥预言机（Replace-Public-Key-Oracle）询问：输入用户身份 id 和一个新的公钥 pk'_{id_i}，挑战者 C 将列表 L_C 中身份 id 匹配的公钥替换为 pk'_{id_i}，并记录此次替换。

（5）无证书签名预言机（CL-Sign-Oracle）：输入身份 id，消息 μ 以及与当前公钥 pk_{id} 匹配的私密值 x_{id}，挑战者 C 首先查询 L_C 列表获得签名私钥 sk_{id}。然后，挑战者运行 **CL-Sign** 算法输出一个签名 sig。注意，如果 pk_{id} 来自创建用户预言机阶段，则 $x_{id}=\perp$。

伪造（Forgery）：最后，敌手 $\mathcal{A}_1$ 输出一个关于（id^*，μ^*）的伪造签名 sig^*。这里 pk_{id^*} 为当前公钥。一般情况下，我们称敌手 $\mathcal{A}_1$ 赢得以上游戏就是指：①**CL-Verify**（sig^*，μ^*，id^*，pk_{id^*}）$=1$；②未对（μ^*，id^*，x_{id^*}）做过部分私钥提取询问；③id^* 未出现在列表 L_C 中。

Game2 运行如下。

初始化（Initialization）：挑战者 C 首先运行 **Setup** 算法生成主私钥 MSK。此处敌手 $\mathcal{A}_2$ 是内部恶意的 KGC，因而知道主私钥。

询问（Queries）：敌手 $\mathcal{A}_2$ 可以适应性地做以下询问。

（1）创建用户预言机（Create-User-Oracle）询问：挑战者维护一个初始为空的列表 $L_C=\{id, d_{id}, s_{id}, sk_{id}, pk_{id}\}$。输入身份 $id\in\{0, 1\}^*$，挑战者首先在列表 L_C 中查找 id。若 id 已在列表 L_C 中，挑战者 C 返回与 id 匹配的公钥 pk_{id} 给敌手 $\mathcal{A}_2$。否则，挑战者依次运行 **Extract-Partial-Private-Key**、**Set-Secret-Value**、**Set-Private-Key** 和 **Set-Public-Key**，输出（d_{id}，s_{id}，sk_{id}，pk_{id}）。然后挑战者 C 将（id，d_{id}，s_{id}，sk_{id}，pk_{id}）存储在列表 L_C 中，并返回 pk_{id} 给敌手 $\mathcal{A}$。

（2）提取私密值预言机（Extract-Secret-Value-Oracle）询问：输入用户身份 id，挑战者 C 在列表 L_C 中查找身份 id，并将与其匹配的私密值 s_{id} 返还给敌手 $\mathcal{A}_2$。

（3）替换公钥预言机（Replace-Public-Key-Oracle）询问：输入用户身份 id 和一个新的公钥 pk'_{id_i}，挑战者 C 将列表 L_C 中与身份 id 匹配的公钥替换为 pk'_{id_i}，并记录此次替换。

（4）无证书签名预言机（CL-Sign-Oracle）询问：输入身份 id，消息 μ 以及与当前公钥 pk_{id} 匹配的私密值 x_{id}，挑战者 C 首先查询 L_C 列表获得签名私钥 sk_{id}。然后，挑战者运行 **CL-Sign** 算法输出一个签名 sig。注意，如果 pk_{id} 来自创建用户预言机阶段，则 $x_{id}=\perp$。

伪造（Forgery）：最后，敌手 $\mathcal{A}_2$ 输出一个关于（id^*，μ^*）的伪造签名 sig^*。这里 pk_{id^*} 为当前公钥。一般情况下，我们称敌手 $\mathcal{A}_2$ 赢得以上游戏就是指：①**CL-Verify**（sig^*，μ^*，id^*，pk_{id^*}）= 1；②未对（μ^*，id^*）做过签名询问；③未对 id^* 做过私密值提取询问。

6.2　NTRU 格上的无证书签名方案

6.2.1　方案描述

令素数 $q=\widetilde{\Omega}(\beta\sqrt{n})\geqslant 2$，$n$ 为安全参数，k 和 λ 为正整数，高斯参数 $s=\Omega((q/n)\sqrt{\ln(8nq)})$，$\sigma=12s\lambda n$ 以及两个哈希函数 H：$\{0,1\}^*\to\{\boldsymbol{v}\in\mathbb{Z}_q^n\}$ 和 $H_1:\mathbb{Z}_q^{2n}\times\{0,1\}^*\to D_H=\{\boldsymbol{v}:\boldsymbol{v}\in\{-1,0,1\}^k,0\leqslant\|\boldsymbol{v}\|_1\leqslant\lambda,\lambda<<q\}$。那么 NTRU 格上的无证书签名方案描述如下：

Setup（n）：输入安全参数 n，私钥生成中心 KGC 运行 NTRU 格上的陷门生成算法生成一个多项式 $h\in R_q^{\times}$ 和一个陷门基 $\boldsymbol{B}=\begin{bmatrix}\boldsymbol{C}(f), \boldsymbol{C}(g)\\ \boldsymbol{C}(F), \boldsymbol{C}(G)\end{bmatrix}\in\mathbb{Z}_q^{2n\times 2n}=R_q^{2\times 2}$，分别作为该方案的主公钥 MPK 和主私钥 MSK。其中 $\boldsymbol{B}$ 是 NTRU 格 $\Lambda_{h,q}$ 的陷门基。

Extract-Partial-Private-Key（MSK，id）：输入主私钥 MSK 和身份 id，私钥生成中心首先计算 $H(id)$，并运行 NTRU 格上的原像采样算法 SamplePre($\boldsymbol{B}$，s，($H(id)$，0)) 生成（s_1，s_2）。随后，私钥生成中心将（s_1，s_2）发送给身份为 id 的用户。用户接收到（s_1，s_2）后，首先验证 $\|(s_1,s_2)\|\leqslant s\sqrt{2n}$，$s_1+s_2*h=H(id)$ 是否成立。若成立，用户将（s_1，s_2）

定义为 d_{id}。否则，抛弃。

Set-Secret-Value（id）：用户选择 $s'_1, s'_2 \in D_s^n$ 并输出 $s_{id}=(s'_1, s'_2)$。

Set-Private-Key（d_{id}，s_{id}）：输入部分私钥 d_{id} 和私密值 s_{id}，身份为 id 的用户输出 $sk_{id}=$（d_{id}，s_{id}）为完整私钥。

Set-Public-Key（sk_{id}）：输入私钥 sk_{id}，身份为 id 的用户计算并输出公钥 $pk_{id}=s'_1+s'_2 * h$。

CL-Sign（μ，id，sk_{id}）：输入消息 μ，身份 id 和私钥 sk_{id}，签名算法执行如下：

（1）选择随机多项式 y_1，y_2，y'_1，$y'_2 \in D_\sigma^n$，定义 $y=\begin{bmatrix} y_1 \\ y_2 \end{bmatrix}$，$y'=\begin{bmatrix} y'_1 \\ y'_2 \end{bmatrix}$，$\hat{y}=\begin{bmatrix} y \\ y' \end{bmatrix}$；

（2）计算 $e=H_1(\begin{bmatrix} y_1+y_2 * h \\ y'_1+y'_2 * h \end{bmatrix}, \mu), z=\begin{bmatrix} z' \\ z'' \end{bmatrix}=\begin{bmatrix} z_1 \\ z_2 \\ z'_1 \\ z'_2 \end{bmatrix}=\begin{bmatrix} s_1 \\ s_2 \\ s'_1 \\ s'_2 \end{bmatrix} * e+\begin{bmatrix} y_1 \\ y_2 \\ y'_1 \\ y'_2 \end{bmatrix}$；

（3）以 min（$\dfrac{D_\sigma^n\ (z_i)}{MD_{s_i e,\sigma}^n\ (z_i)}$，1）的概率输出 $sig=$（e，z）。若没有输出，重复以上步骤。

CL-Verify（sig，μ，id，pk_{id}）：输入（sig，μ，id，pk_{id}），算法输出"1"，当且仅当：

（1）$\| z_1 \| \leqslant 2\sigma\sqrt{n}$，$\| z_2 \| \leqslant 2\sigma\sqrt{n}$，$\| z'_1 \| \leqslant 2\sigma\sqrt{n}$ 和 $\| z'_2 \| \leqslant 2\sigma\sqrt{n}$；

（2）$e=H_1$（$\begin{bmatrix} z_1+z_2 * h \\ z'_1+z'_2 * h \end{bmatrix}-\begin{bmatrix} H\ (id) \\ pk_{id} \end{bmatrix} * e$，$\mu$）。

定理 6.1 以上构造的 NTRU 格上的无证书签名方案满足正确性。

证明：由签名阶段 **CL-Sign** 可知：

$$\begin{bmatrix} z_1+z_2 * h \\ z'_1+z'_2 * h \end{bmatrix}-\begin{bmatrix} H(id) \\ pk_{id} \end{bmatrix} * e$$

$$=\begin{bmatrix} z_1 \\ z'_1 \end{bmatrix}+\begin{bmatrix} z_2 \\ z'_2 \end{bmatrix} * h-\begin{bmatrix} H(id) \\ pk_{id} \end{bmatrix} * e$$

$$=\begin{bmatrix} y_1 \\ y'_1 \end{bmatrix}+\begin{bmatrix} s_1 \\ s'_1 \end{bmatrix}*e+\left[\begin{bmatrix} y_2 \\ y'_2 \end{bmatrix}+\begin{bmatrix} s_2 \\ s'_2 \end{bmatrix}*e\right]*h-\left[\begin{bmatrix} s_1 \\ s'_1 \end{bmatrix}+\begin{bmatrix} s_2 \\ s'_2 \end{bmatrix}*h\right]*e$$

$$=\begin{bmatrix} y_1 \\ y'_1 \end{bmatrix}+\begin{bmatrix} y_2 \\ y'_2 \end{bmatrix}*h$$

$$=\begin{bmatrix} y_1+y_2*h \\ y'_1+y'_2*h \end{bmatrix} \tag{6-1}$$

所以，由 **CL-Sign** 得到的签名 $sig=(e,\ z)$ 必然满足 $e=H_1\left(\begin{bmatrix} z_1+z_2*h \\ z'_1+z'_2*h \end{bmatrix}-\begin{bmatrix} H(id) \\ pk_{id} \end{bmatrix}*e,\ \mu\right)$。另外，结合抛弃采样技术和引理 2.8 可知：$\|z_1\|\leqslant 2\sigma\sqrt{n}$，$\|z_2\|\leqslant 2\sigma\sqrt{n}$，$\|z'_1\|\leqslant 2\sigma\sqrt{n}$ 和 $\|z'_2\|\leqslant 2\sigma\sqrt{n}$ 以至少 $1-2^{-\omega(\log 2n)}$ 的概率成立。

6.2.2　安全性分析

定理 6.2　假定 NTRU 格上的 SIS 问题在多项式时间算法攻击下是困难的，则以上 NTRU 格上的无证书签名方案在随机预言机模型下是存在性不可伪造的。

引理 6.1　如果 NTRU 格 $\Lambda_{h,q}$ 上的 $(q,\ 2,\ (4\sigma+2\lambda s)\sqrt{2n})$ -SIS 问题是困难的，则新的无证书签名方案在类型 1（**Type1**）的敌手攻击下是存在性不可伪造的。

证明：假定存在一个多项式时间的敌手 $\mathcal{A}_1$ 能够以不可忽略的概率攻破以上无证书签名方案，那么我们可以构造一个模拟器 C 能够求解 NTRU 格上的 SIS 问题。

调用：调用 NTRU 格 $\Lambda_{h,q}$ 上的 $(q,\ 2,\ \beta)$ -SIS 问题实例，模拟器 C 需要返还一个合法的解。

已知：多项式 $h\in R_q^{\times}$，NTRU 格 $\Lambda_{h,q}$ 和实数 β。

返回：$(s_1,\ s_2)\in\Lambda_{h,q}$ 满足 $\|(s_1,\ s_2)\|\leqslant\beta$。

询问：敌手 $\mathcal{A}_1$ 可以适应性地做以下询问：

(1) H-Oracle query。模拟者 C 维持一个列表 $L_H=\{id_i, d_{id_i}=(s_{i1}, s_{i2}), s_{i1}+s_{i2}*h\}$。输入身份 $id_i\in\{0,\ 1\}^*$，C 首先在列表 L_H 中查找身份 id_i。若

id_i 已存在于 L_H 中，则模拟者 C 返还相应的 $s_{i1}+s_{i2}*h$ 给敌手 $\mathcal{A}_1$。否则，C 从 D_s^n 中选择两个多项式 s_{i1}，s_{i2} 并存储 $\{id_i,\ d_{id_i}=(s_{i1},\ s_{i2}),\ s_{i1}+s_{i2}*h\}$ 在列表 L_H 中。最后，模拟者 C 返还相应的 $s_{i1}+s_{i2}*h$ 给敌手 $\mathcal{A}_1$。

（2）Creat-User-Oracle query。模拟者 C 维持一个列表 $L_C=\{id_i,\ d_{id_i}=(s_{i1},\ s_{i2}),\ pk_{id_i},\ s_{id_i}=(s'_{i1},\ s'_{i2})\}$。输入身份 id_i，模拟者 C 执行以下操作。若 id_i 已存在于列表 L_C 中，则模拟者 C 返还相应的 pk_{id_i} 给敌手 $\mathcal{A}_1$。否则，C 从列表 L_H 中求得 id_i 和 $d_{id_i}=(s_{i1},\ s_{i2})$。随后，$C$ 运行 **Set-Secret-Value** 和 **Set-Public-Key** 算法分别生成 $s_{id_i}=(s'_{i1},\ s'_{i2})$ 和 $pk_{id_i}=s'_{i1}+s'_{i2}*h$。最后，$C$ 存储 $\{id_i,\ d_{id_i}=(s_{i1},\ s_{i2}),\ pk_{id_i},\ s_{id_i}=(s'_{i1},\ s'_{i2})\}$ 在列表 L_C 中并返还相应的 pk_{id_i} 给敌手 $\mathcal{A}_1$。

（3）Extract-Partial-Private-Key-Oracle query。输入身份 id_i，模拟者 C 在 L_C 列表中查找 id_i 并返还相应的 s_{id_i} 给敌手 $\mathcal{A}_1$。

（4）Replace-Public-Key-Oracle query。输入身份 id_i 和一个新的公钥 pk'_{id_i}，模拟者 C 在 L_C 列表中查找 id_i 并将当前的公钥替换为 pk'_{id_i}。最后，模拟者 C 记录此次替换。

（5）H_1-Oracle query。模拟者 C 维持一个列表 $L_{H1}=\left\{\begin{bmatrix} y_{i1}+y_{i2}*h \\ y'_{i1}+y'_{i2}*h \end{bmatrix},\ \mu, e_i\right\}$。输入 $\left(\begin{bmatrix} y_{i1}+y_{i2}*h \\ y'_{i1}+y'_{i2}*h \end{bmatrix},\ \mu\right)$，模拟者 C 在 L_{H1} 列表中查找 $\left(\begin{bmatrix} y_{i1}+y_{i2}*h \\ y'_{i1}+y'_{i2}*h \end{bmatrix},\ \mu\right)$。若 $\left(\begin{bmatrix} y_{i1}+y_{i2}*h \\ y'_{i1}+y'_{i2}*h \end{bmatrix},\ \mu\right)$ 已存在于列表中，C 返回相应的 e_i 给敌手。否则，C 随机从 D_H 中选择 e_i 并存储 $\left(\begin{bmatrix} y_{i1}+y_{i2}*h \\ y'_{i1}+y'_{i2}*h \end{bmatrix},\ \mu,\ e_i\right)$ 在 L_{H1} 列表中。最后，C 返回相应的 e_i 给敌手。

（6）CL-Sign-Oracle query。输入消息 μ，身份 id_i 和 x_{id_i}，模拟者 C 首先在 L_H 列表中求得 d_{id_i}，然后运行签名算法求得签名 sig。注意，如果 pk_{id_i} 是用户的当前公钥，则 $x_{id_i}=\perp$。在这种情况下，签名算法能输出一个合法签名。

伪造：最后，敌手 $\mathcal{A}_1$ 以不可忽略的概率输出对 $(\mu^*,\ id^*,\ pk_{id^*})$ 的一个合法伪造签名 $sig^*=(e^*,\ z^*)$。

则模拟者 C 能以以下方式求解 NTRU 格上的 SIS 问题。

接收到伪造签名 $sig^*=(e^*,z^*)$ 后，模拟者 C 运用文献[75]中的伪造引理输出对 (μ^*,id^*,pk_{id^*}) 的另一伪造签名 $sig'=(e',z')$ 且不等式 $e^*\neq e'$ 成立。由于签名 $sig'=(e',z')$ 是合法的，故而，满足 $\begin{bmatrix} z_1^*+z_2^**h \\ z'^*_1+z'^*_2*h \end{bmatrix}-\begin{bmatrix} s_1^*+s_2^**h \\ s'^*_1+s'^*_2*h \end{bmatrix}*e^*=\begin{bmatrix} z'_1+z'_2*h \\ z''_1+z''_2*h \end{bmatrix}-\begin{bmatrix} s_1^*+s_2^**h \\ s'^*_1+s'^*_2*h \end{bmatrix}*e'$。所以，有等式 $\begin{bmatrix} (z_1^*-z'_1)+(z_2^*-z'_2)*h \\ (z'^*_1-z''_1)+(z'^*_2-z''_2)*h \end{bmatrix}=\begin{bmatrix} s_1^*+s_2^**h \\ s'^*_1+s'^*_2*h \end{bmatrix}*(e^*-e')$ 成立。由于不等式 $\|(z_1^*-z'_1)-s_1^**(e^*-e')\|\leq\|z_1^*\|+\|z'\|+\|s_1^*\|\cdot\|e^*-e'\|\leq(4\sigma+2\lambda s)\sqrt{n}$ 成立，且 $\|(z_2^*-z'_2)+s_2^*(e^*-e')\|\leq\|z_2^*\|+\|z'_2\|+\|s_2^*\|\cdot\|e^*-e'\|\leq(4\sigma+2\lambda s)\sqrt{n}$ 也成立。

根据NTRU格上陷门函数的原像最小熵性质可知，以大概率存在一个新的部分私钥 $SK'_{id^*}=(s'_1,s'_2)$ 使得除第 i 个系数以外与 (s_1^*,s_2^*) 完全相同，且有 $s'_1+s'_2*h=H(id^*)$。若 $s'_1\neq s_1^*$ 则有 $[z_1^*-z'_1-s_1^*(e^*-e')]-[z_1^*-z'_1-s'_1(e^*-e')]=(s'_1-s_1^*)(e^*-e')\neq 0$。所以若 $z_1^*-z'_1-s'_1(e^*-e')=0$，则 $z_1^*-z'_1-s_1^*(e^*-e')\neq 0$。同理，若不等式 $s'_2\neq s_2^*$ 成立，则有 $[z_2^*-z'_2-s_2^*(e^*-e')]-[z_2^*-z'_2-s'_2(e^*-e')]=(s'_2-s_2^*)(e^*-e')\neq 0$。所以如果 $z_2^*-z'_2-s'_2(e^*-e')=0$，则 $z_2^*-z'_2-s_2^*(e^*-e')\neq 0$。综合以上两种情况可得，$([z_1^*-z'_1-s_1^*(e^*-e')],[z_2^*-z'_2-s_2^*(e^*-e')])\neq 0$ 以至少0.75的概率成立。

故而 $([z_1^*-z'_1-s_1^*(e^*-e')],[z_2^*-z'_2-s_2^*(e^*-e')])$ 为以上NTRU格上的SIS问题的解，其中 $\beta\geq(4\sigma+2\lambda s)\sqrt{2n}$。

引理6.2　如果NTRU格 $\Lambda_{h,q}$ 上的 $(q,2,(4\sigma+2\lambda s)\sqrt{2n})$-SIS问题是困难的，则新的无证书签名方案在类型2（**Type2**）的敌手攻击下是存在性不可伪造的。

证明：假定存在一个多项式时间的敌手 $\mathcal{A}_2$ 能够以不可忽略的概率攻破以上无证书签名方案，那么我们可以构造一个模拟器 C 求解NTRU格上的SIS问题。

调用：调用NTRU格 $\Lambda_{h,q}$ 上的 $(q,2,\beta)$-SIS问题实例，模拟器 C 需要返还一个合法的解。

已知：多项式 $h\in R_q^{\times}$，NTRU格 $\Lambda_{h,q}$ 和实数 β。

返回：$(s_1,s_2)\in\Lambda_{h,q}$ 满足 $\|(s_1,s_2)\|\leq\beta$。

询问：敌手 $\mathcal{A}_2$可以适应性地做以下询问。

（1）Creat-User-Oracle query：模拟者 C 维持一个列表 $L_C = \{id_i, d_{id_i} = (s_{i1}, s_{i2}), pk_{id_i}, s_{id_i} = (s'_{i1}, s'_{i2})\}$。输入身份 id_i，模拟者 C 执行以下操作。若 id_i 已存在于列表 L_C中，则模拟者 C 返还相应的 pk_{id_i} 给敌手 $\mathcal{A}_2$。否则，C 运行 **Extract-Partial-Private-Key** 算法获得 d_{id_i}，然后运行 **Set-Secret-Value** 和 **Set-Public-Key** 算法分别生成 $s_{id_i} = (s'_{i1}, s'_{i2})$ 和 $pk_{id_i} = s'_{i1} + s'_{i2} * h$。最后，$C$ 存储 $\{id_i, d_{id_i} = (s_{i1}, s_{i2}), pk_{id_i}, s_{id_i} = (s'_{i1}, s'_{i2})\}$ 在列表 L_C中并返还相应的 pk_{id_i} 给敌手 $\mathcal{A}_2$。

（2）H-Oracle query：模拟者 C 维持一个列表 $L_H = \{id_i, d_{id_i} = (s_{i1}, s_{i2}), s_{i1} + s_{i2} * h\}$。输入身份 $id_i \in \{0, 1\}^*$，C 首先在列表 L_C中查找身份 id_i，然后模拟者 C 存储 $\{id_i, d_{id_i} = (s_{i1}, s_{i2}), s_{i1} + s_{i2} * h\}$ 在列表 L_H 中。最后，模拟者 C 返还相应的 $s_{i1} + s_{i2} * h$ 给敌手 $\mathcal{A}_2$。

（3）Extract-Partial-Private-Key-Oracle query：输入身份 id_i，模拟者 C 在 L_C列表中查找 id_i 并返还相应的 s_{id_i} 给敌手 $\mathcal{A}_2$。

（4）Replace-Public-Key-Oracle query：输入身份 id_i 和一个新的公钥 pk'_{id_i}，模拟者 C 在 L_C列表中查找 id_i 并将当前的公钥替换为 pk'_{id_i}。最后，模拟者 C 记录此次替换。

（5）H_1-Oracle query：模拟者 C 维持一个列表 $L_{H1} = \left\{\begin{bmatrix} y_{i1} + y_{i2} * h \\ y'_{i1} + y'_{i2} * h \end{bmatrix}, \mu, e_i\right\}$。输入$\left(\begin{bmatrix} y_{i1} + y_{i2} * h \\ y'_{i1} + y'_{i2} * h \end{bmatrix}, \mu\right)$，模拟者 C 在 L_{H1} 列表中查找$\left(\begin{bmatrix} y_{i1} + y_{i2} * h \\ y'_{i1} + y'_{i2} * h \end{bmatrix}, \mu\right)$。若$\left(\begin{bmatrix} y_{i1} + y_{i2} * h \\ y'_{i1} + y'_{i2} * h \end{bmatrix}, \mu\right)$已存在于列表中，$C$ 返回相应的 e_i 给敌手。否则，C 随机从 D_H 中选择 e_i 并存储$\left(\begin{bmatrix} y_{i1} + y_{i2} * h \\ y'_{i1} + y'_{i2} * h \end{bmatrix}, \mu, e_i\right)$在 L_{H1} 列表中。最后，C 返回相应的 e_i 给敌手。

（6）CL-Sign-Oracle query：输入消息μ，身份 id_i 和 s_{id_i}，模拟者 C 首先在 L_H 列表中求得 d_{id_i}，然后运行签名算法求得签名 sig。注意，如果 pk_{id_i} 是用户的当前公钥，则 $x_{id_i} = \perp$。在这种情况下，签名算法能输出一个合法签名。

伪造：最后，敌手 $\mathcal{A}_2$ 以不可忽略的概率输出对（μ^*，id^*，pk_{id^*}）的一个合法伪造签名 $sig^* =$（e^*，z^*）。

则模拟者 C 能以如下方式求解 NTRU 格上的 SIS 问题。

接收到伪造签名 $sig^*=(e^*,z^*)$后，模拟者运用伪造引理[75]计算并输出对(μ^*,id^*,pk_{id^*})的另一个伪造签名 $sig'=(e',z')$且不等式 $e^*\neq e'$成立。由于签名 $sig'=(e',z')$是合法的，故而，等式$\begin{bmatrix} z_1^*+z_2^* * h \\ z_1'^*+z_2'^* * h \end{bmatrix}-\begin{bmatrix} s_1^*+s_2^* * h \\ s'^*_1+s'^*_2 * h \end{bmatrix} * e^* = \begin{bmatrix} z'_1+z'_2 * h \\ z''_1+z''_2 * h \end{bmatrix}-\begin{bmatrix} s_1^*+s_2^* * h \\ s'^*_1+s'^*_2 * h \end{bmatrix} * e'$成立。所以等式$\begin{bmatrix} (z_1^*-z'_1)+(z_2^*-z'_2) * h \\ (z_1'^*-z''_1)+(z'^*_2-z''_2) * h \end{bmatrix}=\begin{bmatrix} s_1^*+s_2^* * h \\ s'^*_1+s'^*_2 * h \end{bmatrix} * (e^*-e')$也成立。由于不等式$\|(z_1'^*-z''_1)-s'^*_1 * (e^*-e')\| \leq \|z_1'^*\|+\|z''_1\|+\|s'^*_1\| \cdot \|e^*-e'\| \leq (4\sigma+2\lambda s)\sqrt{n}$成立，而不等式$\|(z'^*_2-z''_2)-s'^*_2 * (e^*-e')\| \leq \|z'^*_2\|+\|z''_2\|+\|s'^*_2\| \cdot \|e^*-e'\| \leq (4\sigma+2\lambda s)\sqrt{n}$也成立。

根据 NTRU 格上陷门函数的原像最小熵性质可知，以大概率存在一个新的私密值$SK'_{id^*}=(s''_1,s''_2)$使得除第 i 个系数以外与(s'^*_1,s'^*_2)完全相同，且有$s''_1+s''_2 * h=pk_{id^*}$。若 $s''_1\neq s'^*_1$，则有$[z'^*_1-z''_1-s'^*_1 * (e^*-e')]-[z'^*_1-z''_1-s''_1(e^*-e')]=(s''_1-s'^*_1)(e^*-e')\neq 0$。所以，若 $z'^*_1-z''_1-s''_1(e^*-e')=0$，则 $z'^*_1-z''_1-s'^*_1 * (e^*-e')\neq 0$。同理，若 $s''_2\neq s'^*_2$，则有$[z'^*_2-z''_2-s'^*_2 * (e^*-e')]-[z'^*_2-z''_2-s''_2(e^*-e')]=(s''_2-s'^*_2)(e^*-e')\neq 0$。所以，如果 $z'^*_2-z''_2-s''_2(e^*-e')=0$，则 $z'^*_2-z''_2-s'^*_2 * (e^*-e')\neq 0$。综合以上两种情况可得，$([z'^*_1-z''_1-s'^*_1 * (e^*-e')],[z'^*_2-z''_2-s'^*_2 * (e^*-e')])\neq 0$ 以至少 0.75 的概率成立。

故而（$[z_1'^*-z''_1-s'^*_1 * (e^*-e')]$，$[z'^*_2-z''_2-s'^*_2 * (e^*-e')]$）为以上 NTRU 格上的 SIS 问题的解，其中 $\beta\geq(4\sigma+2\lambda s)\sqrt{2n}$。

结合引理 6.1 和引理 6.2，我们求得定理 6.2。

6.2.3　效率比较

已知格上已经存在一个可证安全的无证书签名方案[45]。现从主私钥尺寸、部分私钥尺寸、私密值尺寸以及签名尺寸几个方面比较这两个格上无证书签名方案的效率（见表 6-1）。

表 6-1　两个现存格上无证书签名方案的效率比较

方案	主私钥	部分私钥	私密值	签名
文献［45］中的方案	$(m_1)^2\log O(\sqrt{n\log q})$	$(m_1 \cdot k)\log(s_1\sqrt{m_1})$	$(m_2 \cdot k)\log(2b+1)$	$m\log(2\sigma_1)$
6.2.1 中方案	$4n\log(s\sqrt{n})$	$2n\log(s\sqrt{n})$	$2n\log(s\sqrt{n})$	$4n\log(2\sigma)$

其中 $m_1 \geqslant 2n\log q$，$m_2 \geqslant 64 + n\log q/(2b+1)$，$m = m_1 + m_2$，$s_1 = \Omega(\sqrt{n\log q})$，$s = \Omega((q/n)\sqrt{\ln(8nq)})$，$k$，$b$，$\lambda$ 为正整数，$\sigma_1 = 12s\lambda m$，$\sigma = 12s\lambda n$。由表 6-1 容易看出 6.2.1 小节中方案的主私钥尺寸、部分私钥尺寸、私密值尺寸以及签名尺寸远小于文献［45］中方案的对应尺寸。为了更直接地进行对比，我们在表 6-2 中给出几个实例进行比较。

表 6-2　两个现存格上无证书签名方案在具体实例下的比较

参数	实例 1	实例 2	实例 3	实例 4	实例 5
n	512	512	512	512	512
q	2^{27}	2^{25}	2^{33}	2^{18}	2^{26}
k	80	512	512	512	512
λ	28	14	14	14	14
b	1	1	31	1	31
文献［37］方案中的主私钥	125584730	106436585	191548931	53092869	115590041
6.2.1 方案中的主私钥	9789	8532	13551	4123	9192
文献［37］方案中的部分私钥	2512250	14739519	20076886	10217641	15394103
6.2.1 方案中的部分私钥	7669	7041	9550	4836	7370
文献［37］方案中的私密值	335359	1988244	2996866	1436158	1822863
6.2.1 方案中的私密值	7669	7041	9550	4836	7370
文献［37］方案中的签名	151817	134978	114186	94951	131792
6.2.1 方案中的签名	23902	22030	27049	17620	22689

由表 6-1 和表 6-2 可知，本节构造的 NTRU 格上的无证书签名方案相

较于现存的文献［45］中方案效率提高了很多。

6.3 基于证书的签名方案

6.3.1 基于证书的签名方案的定义

定义 6.4（基于证书的签名方案） 一个基于证书的签名方案由以下 5 个多项式时间算法构成：系统生成算法（**Setup**）、设置用户私钥（**Set-User-Key**）、证书提取（**Extract-Certificate**）、证书签名算法（**CB-Sign**）和证书签名验证算法（**CB-Verify**）。

Setup：输入安全参数 n，KGC 运行该算法输出系统主公钥/主私钥（MPK，MSK）。

Set-User-Key：给定系统主私钥 MSK 以及身份 id，KGC 运行该算法输出身份为 id 的用户私钥 sk_{id} 和公钥 pk_{id}。

Extract-Certificate：该算法由各个用户独自运行。输入用户的身份 id 以及该用户的公钥 pk_{id}，算法输出该用户的名义证书 c_{id}。

CB-Sign：输入消息 μ，用户身份 id，用户私钥 sk_{id} 以及用户证书 c_{id}，运行该算法输出签名 sig。

CB-Verify：输入（sig，μ，id，pk_{id}），该算法输出"1"当且仅当签名 sig 是对消息 μ 的有效签名。否则，输出"0"。

定义 6.5（正确性） 令（MPK，MSK）$\leftarrow$**Setup**（n），对任意的身份 id 有（sk_{id}，pk_{id}）$\leftarrow$**Set-User-Key**（MSK，id），$c_{id}\leftarrow$**Extract-Certificate**（id，sk_{id}，pk_{id}），$sig\leftarrow$**CB-Sign**（id，μ，sk_{id}，c_{id}），若对于任意的消息 μ，验证算法 **CB-Verify**（μ，sig，id，pk_{id}）以压倒势的概率输出"1"，我们称该基于证书的签名算法满足正确性。

6.3.2 基于证书的签名方案的安全性模型

定义 6.6（不可伪造性） 考虑基于证书的签名方案的不可伪造性时，

与无证书的签名方案相似，也有以下两种安全性威胁要考虑，当方案能够抵抗以下两种攻击时我们称该方案是不可伪造的。

Type 1：外部用户攻击，即 $\mathcal{A}_1$。在这一类攻击中敌手 $\mathcal{A}_1$ 可以用自己选择的值来替换任何用户的公钥。

Type 2：内部 KGC 攻击，即 $\mathcal{A}_2$。在这一类攻击中 $\mathcal{A}_2$是一个恶意的 KGC，知晓主私钥，因而能够得到任何用户的部分密钥。

但是，我们同样要求第一类敌手只能替换用户公钥不能获得主私钥，而第二类敌手只能得到主私钥而不能替换任意用户的公钥。

无证书签名方案的安全模型根据两类敌手可分为两个游戏，Game1 和 Game2，且 Game1 和 Game2 运行与定义 6.2 中相似，故不再列出。

6.4 NTRU 格上基于证书的签名方案

6.4.1 方案描述

令素数 $q=\widetilde{\Omega}(\beta\sqrt{n})\geq 2$，$n$ 为安全参数，k、λ 为正整数，高斯参数 $s=\Omega((q/n)\ln(8nq))$，$\sigma=12s\lambda n$ 以及两个哈希函数 H：$\{0,1\}^*\rightarrow\{\boldsymbol{v}\in\mathbb{Z}_q^n\}$ 和 H_1：$\mathbb{Z}_q^{2n}\times\{0,1\}^*\rightarrow D_H$：$\{\boldsymbol{v}:\boldsymbol{v}\in\{-1,0,1\}^k,0\leq\|\boldsymbol{v}\|_1\leq\lambda,\lambda<<q\}$。那么 NTRU 格上的基于证书的签名方案描述如下。

Setup（n）：输入安全参数 n，私钥生成中心 KGC 运行 NTRU 格上的陷门生成算法生成一个多项式 $h\in R_q^\times$ 和一个陷门基 $B=\begin{bmatrix}\boldsymbol{C}(f), & \boldsymbol{C}(g)\\ \boldsymbol{C}(F), & \boldsymbol{C}(G)\end{bmatrix}\in\mathbb{Z}_q^{2n\times 2n}=R_q^{2\times 2}$，分别作为该方案的主公钥 mpk 和主私钥 msk。其中 $\boldsymbol{B}$ 是 NTRU 格 $\Lambda_{h,q}$ 的陷门基。

Set-User-Key（id）：用户选择 s'_1，$s'_2\in D_s^n$，并输出 $pk_{id}=s'_1+s'_2*h$，$sk_{id}=(s'_1, s'_2)$。

Extract-Certificate（MSK，id）：输入主私钥 MSK 和身份 id，私钥生成中心首先计算 $H(id)$，然后运行 NTRU 格上的原像采样算法 SamplePre($\boldsymbol{B}$,

$s,(H(id),0)$)生成(s_1,s_2)。随后，私钥生成中心将(s_1,s_2)发送给身份为 id 的用户。用户接收到(s_1,s_2)后，首先验证$\|(s_1,s_2)\|\leqslant s\sqrt{2n}$，$s_1+s_2*h=H(id)$是否成立。若成立，用户将$(s_1,s_2)$定义为 c_{id}。否则，抛弃。

CB-Sign (μ, id, sk_{id}, c_{id})：输入消息 μ，身份 id，私钥 sk_{id} 和证书 c_{id}，签名算法执行如下：

(1) 选择随机多项式 $y_1,y_2,y'_1,y'_2\in D_{\sigma}^{n}$，定义 $y=\begin{bmatrix}y_1\\y_2\end{bmatrix},y'=\begin{bmatrix}y'_1\\y'_2\end{bmatrix},\hat{y}=\begin{bmatrix}y\\y'\end{bmatrix}$；

(2) 计算 $e=H_1(\begin{bmatrix}y_1+y_2*h\\y'_1+y'_2*h\end{bmatrix},\mu)$，$z=\begin{bmatrix}z'\\z''\end{bmatrix}=\begin{bmatrix}z_1\\z_2\\z'_1\\z'_2\end{bmatrix}=\begin{bmatrix}s_1\\s_2\\s'_1\\s'_2\end{bmatrix}*e+\begin{bmatrix}y_1\\y_2\\y'_1\\y'_2\end{bmatrix}$；

(3) 以 $\min\left(\dfrac{D_{\sigma}^{n}\ (z_i)}{MD_{s_ie,\sigma}^{n}\ (z_i)},\ 1\right)$的概率输出 $sig=$ (e, z)。若没有输出，重复以上步骤。

CL-Verify (sig, μ, id, pk_{id})：输入 (sig, μ, id, pk_{id})，算法输出“1”，当且仅当：

(1) $\|z_1\|\leqslant 2\sigma\sqrt{n}$，$\|z_2\|\leqslant 2\sigma\sqrt{n}$，$\|z'_1\|\leqslant 2\sigma\sqrt{n}$和$\|z'_2\|\leqslant 2\sigma\sqrt{n}$；

(2) $e=H_1\left(\begin{bmatrix}z_1+z_2*h\\z'_1+z'_2*h\end{bmatrix}-\begin{bmatrix}H\ (id)\\pk_{id}\end{bmatrix}*e,\ \mu\right)$。

定理 6.3　以上构造的 NTRU 格上的基于证书的签名方案满足正确性。

证明：由签名阶段 CB-Sign 可知：

$$\begin{aligned}&\begin{bmatrix}z_1+z_2*h\\z'_1+z'_2*h\end{bmatrix}-\begin{bmatrix}H(id)\\pk_{id}\end{bmatrix}*e\\&=\begin{bmatrix}z_1\\z'_1\end{bmatrix}+\begin{bmatrix}z_2\\z'_2\end{bmatrix}*h-\begin{bmatrix}H(id)\\pk_{id}\end{bmatrix}*e\\&=\begin{bmatrix}y_1\\y'_1\end{bmatrix}+\begin{bmatrix}s_1\\s'_1\end{bmatrix}*e+\left[\begin{bmatrix}y_2\\y'_2\end{bmatrix}+\begin{bmatrix}s_2\\s'_2\end{bmatrix}*e\right]*h-\left[\begin{bmatrix}s_1\\s'_1\end{bmatrix}+\begin{bmatrix}s_2\\s'_2\end{bmatrix}*h\right]*e\\&=\begin{bmatrix}y_1\\y'_1\end{bmatrix}+\begin{bmatrix}y_2\\y'_2\end{bmatrix}*h\\&=\begin{bmatrix}y_1+y_2*h\\y'_1+y'_2*h\end{bmatrix}\end{aligned}\tag{6-2}$$

所以，由 **CB-Sign** 得到的签名 $sig=(e,z)$ 必然满足 $e=H_1(\begin{bmatrix} z_1+z_2*h \\ z'_1+z'_2*h \end{bmatrix}-\begin{bmatrix} H(id) \\ pk_{id} \end{bmatrix}*e,\mu)$。另外,结合抛弃采样技术和引理 2.8 可知，$\|z_1\|\leqslant 2\sigma\sqrt{n}$，$\|z_2\|\leqslant 2\sigma\sqrt{n}$，$\|z'_1\|\leqslant 2\sigma\sqrt{n}$和$\|z'_2\|\leqslant 2\sigma\sqrt{n}$以至少 $1-2^{-\omega(\log 2n)}$ 的概率成立。

6.4.2 安全性分析

定理 6.4 假定 NTRU 格上的 SIS 问题在多项式时间算法攻击下是困难的，则以上 NTRU 格上的基于证书的签名方案在随机预言机模型下是存在性不可伪造的。

证明：本节提出的基于证书的签名方案可由 6.2.1 小节的无证书签名方案直接转换得到。根据 Wu[110] 等的结论，如果原始的无证书签名方案对强的敌手是存在性不可伪造的，那么转换得到的基于证书的签名方案在随机预言机模型下对强敌手也是存在性不可伪造的。因而，假设 NTRU 格上的 SIS 问题在多项式时间算法攻击下是困难的，可得本节 NTRU 格上的基于证书的签名方案在随机预言机模型下对强敌手是存在性不可伪造的。

6.5 小结

本章我们首先介绍了无证书签名的发展历程；其次给出无证书签名的定义以及安全性模型；再次提出了 NTRU 格上的无证书签名方案，并证明它在随机预言机模型下对强敌手是存在性不可伪造的；最后根据无证书签名方案与基于证书签名方案之间的关系，构造了 NTRU 格上的基于证书的签名方案，并证明了其安全性。

第7章　NTRU格上的代理签名方案

1996年，Mambo等首次提出代理签名的概念[111]。代理签名的独特之处在于它实现了安全的签名权力的委托，即原始签名人可以将其签名权力委托给代理签名人，由代理签名人完成签名。与此同时，还要保证原始签名人和代理签名人是受保护的，即原始签名人不能伪造代理签名人的签名，代理签名人也不能伪造原始签名人的签名。凭此优势，代理签名已被广泛地应用在众多应用场景中，例如，匿名投票、电子现金、网格计算、移动代理等。代理签名的发展过程大致可以分为两个阶段：基于传统数论问题阶段[111-121]和基于格上困难问题阶段[36-39]（抗量子代理签名发展阶段）。

自1996年提出以来，代理签名以其独特的优势引起了密码学家的广泛关注，一大批优秀的构造方案[111-121]应运而生（其中包含基于离散对数问题的代理签名方案和基于大整数分解问题的代理签名方案）。然而，量子计算机的出现使得我们对代理签名的安全性有了更高的要求。2010年，Jiang[36]等首次利用Bonsai tree模型构造了基于格的代理签名方案。该方案在标准模型下是安全的，且代理者不能伪造原始签名人进行签名权力委托（即原始签名者是受保护的），但原始签名人却可以成功伪造出代理签名者的签名。2011年，夏峰等同样使用盆景树模型构造了格上的代理签名方案[37]，方案在随机预言机模型下是不可伪造的。Wang[38]等也分别利用Bonsai tree模型构造了标准模型下安全的基于格的代理签名方案。然而，在以上三个格基代理签名方案中，随着签名权力的委托，格的维数会增大，从而使得签名效率不甚令人满意。为了克服这个问题，Kim等使用格上固定维数的委派技术构造了格上高效的身份基代理签名方案[39]。

本章我们试图从NTRU格着手提高代理签名的安全性和效率。

7.1 代理签名的定义及安全性模型

7.1.1 代理签名的定义

定义 7.1（代理签名） 一个完整的代理签名方案由以下 6 个算法构成。

系统设置（Setup）：输入安全参数 n，该算法计算并公开系统的公共参数 PP。

密钥生成（KeyGen）：给定系统的公共参数 PP，该算法计算原始签名人的公私钥对（sk_0，pk_0）以及代理签名人的公私钥对（sk，pk）。

代理授权（Delegate）：原始签名人利用其私钥生成代理签名人的代理密钥 sk_p 并通过安全的信道将其发送给代理签名人。

代理授权验证（D-Verify）：输入代理签名密钥 sk_p，原始签名人利用公钥 pk_0 验证该代理密钥的合法性，若合法，则接受；否则，拒绝。

代理签名（Proxy-RingSign）：输入待签名消息 μ，该算法计算并输出消息 μ 的代理签名 sig。

代理签名验证（Proxy-Verify）：输入消息 μ，代理签名 sig，代理签名人公钥 pk，代理签名公钥 pk_p 以及原始签名人的公钥 pk_0，该算法输出“1”当且仅当 sig 为消息 μ 的代理签名。否则，输出为“0”。

7.1.2 代理签名的安全性模型

一个安全的代理签名应满足以下 2 个性质。

正确性：由代理签名阶段得到的签名能够顺利通过验证。

不可伪造性：考虑到签名方案的不可伪造性时，我们应该考虑以下两类攻击敌手。

Type 1：想要生成合法代理签名的未被授权的代理签名者。

Type 2：想要生成合法代理签名的恶意原始签名人。

敌手 $\mathcal{A}$ 和挑战者 C 的交互游戏如下。

Setup：给定安全参数 n，挑战者 C 运行该算法生成系统的公共参数 PP。

KeyGen Query：输入系统的公共参数，挑战者 C 运行该算法生成原始签名人的公私钥对（sk_0，pk_0）或者代理签名人公私钥对（sk，pk）。

Delegate Query：为了得到代理签名人的代理密钥，输入代理签名人公钥进行询问。挑战者 C 利用原始签名人的私钥 sk_0 计算并通过安全信道发送代理签名人的代理密钥 sk_p 给敌手。

Proxy-Sign Query：输入消息 μ，以及代理签名人公钥，挑战者 C 计算并输出代理签名 sig。

Forge：最后，敌手 $\mathcal{A}$ 输出一个合法的代理签名（μ^*，sig^*）。

当敌手为 Type1 类型时，即 $\mathcal{A}_1$，需满足：

（1）未对原始签名人做过 **KeyGen** 询问；

（2）未对代理签名人做过 **Delegate** 询问；

（3）未对 μ^* 做过代理签名询问；

（4）sig^* 为合法的代理签名。

当敌手为 Type2 类型时，即 $\mathcal{A}_2$，需满足：

（1）未对代理签名人做过 **KeyGen** 询问；

（2）未对 μ^* 做过代理签名询问；

（3）sig^* 为合法的代理签名。

若敌手 $\mathcal{A}_1$ 和敌手 $\mathcal{A}_2$ 赢得以上游戏的概率均为可忽略的，我们称该代理签名算法是存在性不可伪造的。

7.2　NTRU 格上的代理签名方案

7.2.1　方案构造

系统设置：输入安全参数 $n=2^c$，KGC 首先选择系统公共参数 $PP=\{$正

整数 q、λ、k、k_q 和 d，抗碰撞的哈希函数 H：$\{0,1\}^* \to \{\boldsymbol{v}: \boldsymbol{v} \in \{-1,0,1\}^k, \|\boldsymbol{v}\| \leq \lambda\}$，高斯参数 $s = \widetilde{\Omega}(n^{3/2}\sigma)$ 和 $\hat{\sigma} = 12\lambda sn\}$。其中，当 $k_q = n$ 时，高斯参数 $\sigma = n\sqrt{\ln(8nq)} \cdot q^{1/2+\varepsilon}$，并且 $q^{1/2-\varepsilon} = \widetilde{\Omega}(n^{7/2})$；当 $k_q = 2$ 时，高斯参数 $\sigma = \sqrt{n\ln(8nq)} \cdot q^{1/2+\varepsilon}$，而 $q^{1/2-\varepsilon} = \widetilde{\Omega}(n^3)$。

密钥生成（KeyGen）：输入公共参数 PP，KGC 运行 NTRU 格上的陷门生成算法（算法 1）生成原始签名人的公私钥对 $\{pk_0 = h_0 \in R_q, \boldsymbol{B}_0 \in \mathbb{Z}_q^{2n\times 2n}\}$。代理签名人随机选择 s_0，$s_1 \in D_s^n$ 并计算 $pk = s_0 + s_1 * h_0$，其中 $sk = (s_0, s_1)$ 为该代理签名人的私钥。

代理授权（Delegate）：原始签名人随机选择多项式 $t \in D$ 作为代理签名公钥 pk_p。然后，KGC 运行 NTRU 格上的原像采样算法 SamplePre$(\boldsymbol{B}, s, (t, 0))$ 生成该用户的代理密钥 $sk_p = (s_{p0}, s_{p1})$，满足 $s_{p0} + s_{p1} * h_0 = t$，$\|(s_{p0}, s_{p1})\| \leq s\sqrt{2n}$。最后，原始签名人将代理密钥 sk_p 通过安全的信道将其发送给代理签名人。其中，值域 $D = \{v \in R_q, -d \leq v[i] \leq d\}$。

代理签名（Proxy-Sign）：输入消息 $\mu \in \{0, 1\}^*$，代理签名人执行具体签名过程如下：

（1）采样 y_0，y_1，y'_0，$y'_1 \leftarrow D_{\hat{\sigma}}^n$，令 $\hat{y} = (y_0, y_1)$，$\hat{y}' = (y'_0, y'_1)$；

（2）计算 $e \leftarrow H((y_0 + h_0 * y_1), \mu)$ 和 $e' \leftarrow H((y'_0 + y'_1 * h_0), \mu)$；

（3）计算 $z = (z_0, z_1) = (s_{p0} * e + y_0, s_{p1} * e + y_1)$，$z' = (z'_0, z'_1) = (s_0 * e' + y'_0, s_1 * e' + y'_1)$；

（4）输出签名 $sig = (z, z', e, e')$ 作为代理签名人对消息 μ 的代理签名。

验证（Verify）：输入原始签名人公钥 h_0，代理签名人公钥 pk，代理签名公钥 pk_p，消息 $\mu \in \{0, 1\}^*$ 和签名 $sig = (z, z', e, e')$，验证者输出"1"当且仅当：

（1）$\|(z_0, z_1)\| \leq 2\hat{\sigma}\sqrt{2n}$，$\|(z'_0, z'_1)\| \leq 2\hat{\sigma}\sqrt{2n}$；

（2）$e = H((z_0 + h_0 * z_1) - te, \mu)$ 成立，且 $e' = H((z'_0 + h_0 * z'_1) - pk * e', \mu)$ 也成立。

否则，输出为"0"。

7.2.2　方案满足的性质

定理 7.1（正确性）　由以上签名方案得到的签名满足正确性。

证明：对于验证阶段的条件 1，由引理 2.7 和引理 2.8 可知 $\|(z_0,z_1)\|\leqslant 2\hat{\sigma}\sqrt{2n}$，$\|(z'_0,z'_1)\|\leqslant 2\hat{\sigma}\sqrt{2n}$ 以压倒势的概率成立。对于条件 2，由签名算法可知：

$$\begin{aligned}&(z_0+h_0*z_1)-te\\&=(s_{p0}+h_0*s_{p1})e+y_0+h_0*y_1-te\\&=(s_{p0}+h_0*s_{p1})e+y_0+h_0*y_1-(s_{p0}+h_0*s_{p1})e\\&=y_0+h_0*y_1\end{aligned}\tag{7-1}$$

$$\begin{aligned}&(z'_0+h_0*z')-pk*e'\\&=(s_0+h_0*s_1)e'+y'_0+h_0*y'_1-pk*e'\\&=(s_0+h_0*s_1)e'+y'_0+h_0*y'_1-(s_0+h_0*s_1)e'\\&=y'_0+h_0*y'_1\end{aligned}\tag{7-2}$$

所以，有等式 $e=H((z_0+h_0*z_1)-te,\mu)$ 成立，且有等式 $e'=H((z'_0+h_0*z'_1)-pk*e',\mu)$ 也成立。

定理 7.2（不可伪造性 1）　假定 NTRU 格上的 SIS 问题是困难的，那么，对于多项式时间的 Type1 敌手 $\mathcal{A}_1$，赢得与挑战者 C 的交互游戏的概率是可以忽略的，也就是说，对于未被授权的代理签名者来说，该方案满足不可伪造性。

证明：假定多项式时间的敌手 $\mathcal{A}_1$ 在多项式次的询问过后可忽略的概率 ε 输出一个伪造的代理签名，那么我们可以按如下方式构造一个多项式时间的算法 C 求解 NTRU 格上的 SIS 问题。

算法 C 调用 NTRU 格上的 SIS 问题。

给定：在 $R_q^\times$ 上均匀随机选取的多项式 h_0 和实数 β。

返回：$u_0,u_1\in R_q$，满足 $0<\|(u_0,u_1)\|\leqslant\beta$ 且 $u_0+u_1*h_0=\mathbf{0}(\mathrm{mod}q)$。

Setup：给定安全参数 n，算法 C 运行该算法生成系统的公共参数 PP。

KeyGen Query：输入系统的公共参数，算法 C 随机选取 s_0，$s_1\in D_s^n$ 并计算 $pk=s_0+s_1*h_0$，其中 $sk=(s_0,\ s_1)$，最后，C 将（sk，pk）发送给代理签名人。

Delegate Query：C 维持一个初始为空的列表 DL-list。为了得到代理签名人的代理密钥，输入代理签名人公钥 pk，算法 C 首先在列表 DL-list 中查看 pk 是否已经存在，若已存在，则将相应的 sk_p 发送给敌手 $\mathcal{A}_1$。否则，C 随机选择 s_{p0}，$s_{p1} \leftarrow D_s^n$ 并计算 $pk_p = s_{p0} + s_{p1} * h_0$。最后 C 存储（pk，sk_p =（s_{p0}，s_{p1}），pk_p）在 DL-list 中并返回相应的 sk_p 给敌手 $\mathcal{A}_1$。

***H* 询问**：C 维持一个初始为空的列表 H-list。当敌手 $\mathcal{A}_1$ 对 μ 做哈希询问时，C 首先检查 H-list 列表中是否有 μ，若有，则返回 $\{e, e'\}$ 给敌手 $\mathcal{A}_1$。否则，算法 C 选择 $y_0, y_1, y'_0, y'_1 \leftarrow D_\sigma^n$ 和 $e, e' \leftarrow \{\boldsymbol{v} : \boldsymbol{v} \in \{-1, 0, 1\}^k, \|\boldsymbol{v}\| \leq \lambda\}$，令 $e = H((y_0 + y_1 * h_0), \mu), e' = H((y'_0 + y'_1 * h_0), \mu)$。随后，算法 C 选取 z_0，z_1，z'_0，$z'_1 \leftarrow D_\sigma^n$，设置 $z = (z_0, z_1), z' = (z'_0, z'_1)$。最后，算法 C 存储 $\{sig = ((z, z'), e, e'), \mu\}$ 在列表 H-*list* 中，并返回 $\{e, e'\}$ 给敌手 $\mathcal{A}_1$。

代理签名询问：不失一般性地，假设敌手已经对 μ 做过哈希询问。当敌手发送 μ 做签名询问时，算法 C 在 H-list 列表中查找 μ 并返回相应的 sig = （（z，z'），e，e'）给敌手 $\mathcal{A}_1$。

伪造：最后，敌手 $\mathcal{A}_1$ 输出一个合法的代理签名（μ^*，sig^*）使得 **Verify**（μ^*，sig^*）输出为“1”，并且未对代理签名人做过代理授权询问，μ^* 从未在签名询问中出现过。

下面分析算法 C 怎样求解 NTRU 格上的 SIS 问题。

接收到伪造签名 $sig^* = (e^*, z^*, e^{*\prime}, z^{*\prime})$ 后，模拟者 C 运用文献［75］中的伪造引理输出对 μ^* 的另一伪造签名 $sig' = (e'^*, z'^*, e^{*\prime}, z^{*\prime})$。由于签名 sig' 是合法的，故而，满足 $(z_0^* + z_1^* * h_0) - (s_{p0}^* + s_{p1}^* * h_0) * e^* = (z'^*_0 + z'^*_1 * h_0) - (s_{p0}^* + s_{p1}^* * h_0) * e'^*$。所以，等式 $[(z_0^* - z'^*_0) + (z_1^* - z'^*_1) * h_0] = (s_{p0}^* + s_{p1}^* * h_0) * (e^* - e'^*)$ 成立。由于不等式 $\|(z_0^* - z'^*_0) - s_{p0}^* * (e^* - e'^*)\| \leq \|z_0^*\| + \|z'^*_0\| + \|s_{p0}^*\| \cdot \|e^* - e'^*\| \leq (4\sigma + 2\lambda s)\sqrt{n}$ 成立，$\|(z_1^* - z'^*_1) - s_{p1}^* * (e^* - e'^*)\| \leq \|z_1^*\| + \|z'^*_1\| + \|s_{p1}^*\| \cdot \|e^* - e'^*\| \leq (4\sigma + 2\lambda s)\sqrt{n}$ 也成立。

根据 NTRU 格上陷门函数的原像最小熵性质可知，以大概率存在一个新的代理密钥 sk'_p =（s'_{p0}，s'_{p1}）使得除第 i 个系数以外与代理密钥 sk_p^* =（s_{p0}^*，s_{p1}^*）完全相同，并且有等式 $s'_{p0} + s'_{p1} * h = t$ 成立。若不等式 $s'_{p0} \neq s_{p0}^*$ 成立，则有 $[z_0^* - z'^*_0 - s_{p0}^*(e^* - e'^*)] - [z_0^* - z'^*_0 - s'_{p0}(e^* - e'^*)] = (s'_{p0} - s_{p0}^*)(e^* - e'^*) \neq 0$。所以，若 $z_0^* - z'^*_0 - s'_{p0}(e^* - e'^*) = 0$，则 $z_0^* - z'^*_0 - s_{p0}^*(e^* - e'^*) \neq 0$。同

理，若 $s'_{p1} \neq s^*_{p1}$，则有 $[z^*_1 - z'^*_1 - s^*_{p1}(e^* - e'^*)] - [z^*_1 - z'^*_1 - s'_{p1}(e^* - e'^*)] = (s'_{p1} - s^*_{p1})(e^* - e'^*) \neq 0$。所以，如果 $z^*_1 - z'^*_1 - s'_{p1}(e^* - e'^*) = 0$，则 $z^*_1 - z'^*_1 - s^*_{p1}(e^* - e'^*) \neq 0$。综合以上两种情况可得，$([z^*_0 - z'^*_0 - s^*_{p0}(e^* - e'^*)], [z^*_1 - z'^*_1 - s^*_{p1}(e^* - e'^*)]) \neq 0$ 以至少 0.75 的概率成立。

故而（$[z^*_0 - z'^*_0 - s^*_{p0}(e^* - e'^*)]$，$[z^*_1 - z'^*_1 - s^*_{p1}(e^* - e'^*)]$）为以上 NTRU 格上的 SIS 问题的解，其中 $\beta \geq (4\sigma + 2\lambda s)\sqrt{2n}$。

定理 7.3（不可伪造性 2）　假定 NTRU 格上的 SIS 问题是困难的。那么，对于多项式时间的 Type2 敌手 $\mathcal{A}_2$，赢得与挑战者 C 的交互游戏的概率是可以忽略的，也就是说，对于恶意的原始签名人来说，该方案满足不可伪造性。

证明：假定多项式时间的敌手 $\mathcal{A}_2$ 在多项式次的询问过后可以以不可忽略的概率 ε 输出一个伪造的代理签名，那么我们以如下方式构造一个多项式时间的算法 C 求解 NTRU 格上的 SIS 问题。

算法 C 调用 NTRU 格上的 SIS 问题。

给定：在 $R_q^{\times}$ 上均匀随机选取的多项式 h_0 和实数 β。

返回：$u_0, u_1 \in R_q$，满足 $0 < \|(u_0, u_1)\| \leq \beta$ 且 $u_0 + u_1 * h_0 = 0 (\bmod q)$。

Setup：给定安全参数 n，算法 C 运行该算法生成系统的公共参数 PP。

KeyGen Query：输入系统的公共参数，算法 C 运行 **KeyGen** 算法生成原始签名人的公私钥对 $\{pk_0 = h_0 \in R_q, \boldsymbol{B}_0 \in \mathbb{Z}_q^{2n \times 2n}\}$。

Delegate Query：C 维持一个初始为空的列表 DL-list。为了得到代理签名人的代理密钥，输入代理签名人公钥 pk，算法 C 首先在列表 DL-list 中查看 pk 是否已经存在，若已存在，则将相应的 sk_p 发送给敌手 $\mathcal{A}_1$。否则，C 随机选择 s_{p0}，$s_{p1} \leftarrow D_s^n$ 并计算 $pk_p = s_{p0} + s_{p1} * h_0$。最后 C 存储（pk，$sk_p =$（s_{p0}，s_{p1}），pk_p）在 DL-list 中并返回相应的 sk_p 给敌手 $\mathcal{A}_2$。

***H* 询问**：C 维持一个初始为空的列表 H-list。当敌手 $\mathcal{A}_2$ 对 μ 做哈希询问时，首先检查 H-list 列表中是否有 μ，若有，则返回 $\{e, e'\}$ 给敌手 $\mathcal{A}_2$。否则，算法 C 首先选择 y_0，y_1，y'_0，$y'_1 \leftarrow D_\sigma^n$ 和 $e, e' \leftarrow \{\boldsymbol{v} : \boldsymbol{v} \in \{-1, 0, 1\}^k, \|\boldsymbol{v}\| \leq \lambda\}$，令 $e = H((y_0 + y_1 * h_0), \mu)$，$e' = H((y'_0 + y' * h_0), \mu)$。随后，算法 C 选取 z_0，z_1，z'_0，$z'_1 \leftarrow D_\sigma^n$，设置 $z = (z_0, z_1)$，$z' = (z'_0, z'_1)$。最后，算法 C 存储 $\{sig = ((z, z'), e, e'), \mu\}$ 在列表 H-list 中，并返回 $\{e, e'\}$ 给敌手 $\mathcal{A}_2$。

代理签名询问：不失一般性地，假设敌手已经对 μ 做过哈希询问。当敌手发送μ做签名询问时，算法 C 在 H-list 列表中查找μ并返回相应的 sig=（(z, z')，e，e'）给敌手$\mathcal{A}_2$。

伪造：最后，敌手$\mathcal{A}_2$输出一个合法的代理签名(μ^*，sig^*)使得 **Verify**(μ^*，sig^*）输出为“1”，并且μ^*从未在签名询问中出现过。

下面分析算法 C 怎样求解 NTRU 格上的 SIS 问题。

接收到伪造签名 $sig^*=(e^*,z^*,e^{*\prime},z^{*\prime})$后，模拟者 C 运用文献［75］中的伪造引理输出对μ^*的另一伪造签名 $sig'=(e^*,z^*,e'',z'')$。由于签名 sig' 是合法的，故而，满足等式$(z_0^{*\prime}+z_1^{*\prime}*h_0)-(s_0^{*\prime}+s_1^{*\prime}*h_0)*e^{*\prime}=(z''_0+z''_1*h_0)-(s_0^{*\prime}+s_1^{*\prime}*h_0)*e''$。所以，等式$[(z_0^{*\prime}-z''_0)+(z_1^{*\prime}-z''_1)*h_0]=(s_0^{*\prime}+s_1^{*\prime}*h_0)*(e^{*\prime}-e'')$成立。由于不等式$\|(z_0^{*\prime}-z''_0)-s_0^{*\prime}*(e^{*\prime}-e'')\|\leqslant\|z_0^{*\prime}\|+\|z''_0\|+\|s_0^{*\prime}\|\cdot\|e^{*\prime}-e''\|\leqslant(4\sigma+2\lambda s)\sqrt{n}$成立，$\|(z_1^{*\prime}-z''_1)-s_1^{*\prime}*(e^{*\prime}-e'')\|\leqslant\|z_1^{*\prime}\|+\|z''_1\|+\|s^{*\prime}_1\|\cdot\|e^{*\prime}-e''\|\leqslant(4\sigma+2\lambda s)\sqrt{n}$也成立。

根据 NTRU 格上陷门函数的原像最小熵性质可知，以大概率存在一个新的代理签名人密钥 $sk'=(s'_0, s'_1)$ 使得除第 i 个系数以外与代理签名人密钥 $sk^{*\prime}=(s_0^{*\prime},s_1^{*\prime})$完全相同，且有等式 $s'_0+s'_1*h=pk^{*\prime}$成立。若不等式$s'_0\neq s_0^{*\prime}$成立，则有$[z_0^{*\prime}-z''_0-s_0^{*\prime}*(e^{*\prime}-e'')]-[z_0^{*\prime}-z''_0-s'_0(e^{*\prime}-e'')]=(s'_0-s_0^{*\prime})(e^{*\prime}-e'')\neq0$。所以若 $z_0^{*\prime}-z''_0-s'_0(e^{*\prime}-e'')=0$，则 $z_0^{*\prime}-z''_0-s_0^{*\prime}*(e^{*\prime}-e'')\neq0$。同理，若$s'_1\neq s_1^{*\prime}$，则有$[z_1^{*\prime}-z''_1-s_1^{*\prime}*(e^{*\prime}-e'')]-[z_1^{*\prime}-z''_1-s'_1(e^{*\prime}-e'')]=(s'_1-s_1^{*\prime})(e^{*\prime}-e'')\neq0$。所以如果 $z_1^{*\prime}-z''_1-s'_1(e^{*\prime}-e'')=0$，则$z_1^{*\prime}-z''_1-s_1^{*\prime}*(e^{*\prime}-e'')\neq0$。综合以上两种情况可得，$([z_0^{*\prime}-z''_0-s_0^{*\prime}*(e^{*\prime}-e'')],[z_1^{*\prime}-z''_1-s_1^{*\prime}*(e^{*\prime}-e'')])\neq0$ 以至少 0.75 的概率成立。

故而（$[z_0^{*\prime}-z''_0-s_0^{*\prime}*(e^{*\prime}-e'')]$，$[z_1^{*\prime}-z''_1-s_1^{*\prime}*(e^{*\prime}-e'')]$）为以上 NTRU 格上的 SIS 问题的解，其中$\beta\geqslant(4\sigma+2\lambda s)\sqrt{2n}$。

7.2.3 效率比较

本节我们从代理私钥尺寸和代理签名尺寸两个方面来比较 NTRU 格上的代理签名方案与之前签名方案的效率（见表 7-1）。其中 $L=O(\sqrt{n\log q})$，$M=\omega(\sqrt{\log m})$，$m\geqslant5n\log q$，$s=\Omega((q/n)\sqrt{\ln(8nq)})$，$\hat{\sigma}=12s\lambda n$，$k$、

d、l和λ为小正整数。

表7-1 现存代理签名方案的效率比较

方案	代理私钥长度	代理签名长度
[38] 中方案	$4m^2\log(L \cdot M \cdot \sqrt{2m})$	$2m\log(L \cdot M^2 \cdot 2m)$
[39] 中方案	$m^2\log(L \cdot M^4 \cdot m^{3/2})$	$m\log(L \cdot M^5 \cdot m^2)$
[37] 中方案	$4m^2(L \cdot M \cdot \sqrt{2m})$	$2m\log(L \cdot M^2 \cdot 2m)$
[36] 中方案	$m^2\log(L \cdot M^4 \cdot m^{3/2})$	$m\log(L \cdot M^5 \cdot m^2)$
7.2.1 中方案	$2n\log(s\sqrt{n})$	$2n\log(12\hat{\sigma})$

由表7-1可以容易看出，文献[39]和[36]中方案的代理私钥长度和代理签名长度明显比文献[38]和[37]中方案的相应长度短。但由于选用参数没有明显的倍数关系，7.2.1节方案与文献[39]和[36]中方案的尺寸比较结果不是很明显。下面我们比较文献[39]中的方案和7.2.1中的方案在具体随机实例下的尺寸（见表7-2）。

表7-2 文献[39]中方案和7.2.1方案在具体实例下的尺寸比较

参数	实例1	实例2	实例3	实例4	实例5
n	512	512	512	512	512
q	2^{27}	2^{25}	2^{33}	2^{18}	2^{26}
λ	28	14	14	14	14
[39] 中方案的代理私钥	4138468645	3519690142	6304497053	1764627276	3821711793
7.2.1 中方案的代理私钥	7669	6876	9550	4836	7355
[39] 中方案的签名	250423	230047	312116	160223	240177
7.2.1 中方案的签名	23286	21413	26432	17004	22041

由表7-2可以明显看出，新方案的私钥长度远小于文献[39]中方案的私钥长度，而新方案的签名长度也比文献[39]中方案的签名长度短，只是差距不是很大。

本章所提出的NTRU格上的代理签名方案相较于之前格上的代理签名方案，代理私钥和签名都较短，因而，我们可以认为新方案具有较高效率。

7.3 NTRU 格上的身份基代理签名方案

7.3.1 方案构造

系统设置：输入安全参数 $n=2^c$，KGC 首先选择系统公共参数 $PP=$ {正整数 q、d、k、k_q 和 λ，抗碰撞的哈希函数 H：$\{0,1\}^* \to \{\boldsymbol{v}:\boldsymbol{v}\in\{-1,0,1\}^k, \|\boldsymbol{v}\|\leqslant\lambda\}$ 和 H_1：$\{0,1\}^*\to\{t\in R_q,-d\leqslant t[i]\leqslant d$，高斯参数 $s=\widetilde{\Omega}(n^{3/2}\sigma)$ 和 $\hat{\sigma}=12\lambda sn\}$。其中，当 $k_q=n$ 时，高斯参数 $\sigma=n\sqrt{\ln(8nq)}\cdot q^{1/2+\varepsilon}$，并且 $q^{1/2-\varepsilon}=\widetilde{\Omega}(n^{7/2})$；当 $k_q=2$ 时，高斯参数 $\sigma=\sqrt{n\ln(8nq)}\cdot q^{1/2+\varepsilon}$，而 $q^{1/2-\varepsilon}=\widetilde{\Omega}(n^3)$。

密钥生成(KeyGen)：输入原始签名人的身份 id_0，KGC 运行 NTRU 格上的陷门生成算法(算法 1)生成原始签名人的公私钥对 $\{pk_0=h_0\in R_q, sk_0=\boldsymbol{B}_0\in\mathbb{Z}_q^{2n\times 2n}\}$。代理签名人随机选取 s_{i0}，$s_{i1}\in D_s^n$ 并计算 $pk_i=s_{i0}+s_{i1}*h_0$，其中 $sk_i=(s_{i0}, s_{i1})$ 为该代理签名人的私钥。

代理授权（Delegate）：输入代理签名人 i 的身份 id_i，紧接着，原始签名人计算 $pk_{p(i)}=H_1(id_i)$，然后运行 NTRU 格上的原像采样算法 SamplePre $(\boldsymbol{B}, s, (H_1(id_i), 0))$ 生成该代理签名人的代理密钥 $sk_{p(i)}=(s_{p(i)0}, s_{p(i)1})$，满足 $s_{p(i)0}+s_{p(i)1}*h_0=H_1(id_i)$，$\|(s_{p(i)0}, s_{p(i)1})\|\leqslant s\sqrt{2n}$。最后，原始签名人将代理密钥 $sk_{p(i)}$ 通过安全的信道将其发送给代理签名人 i。

代理签名（Proxy-Sign）：输入消息 $\mu\in\{0, 1\}^*$，代理签名人执行具体签名过程如下：

(1) 采样 y_{i0}，y_{i1}，y'_{i0}，$y'_{i1}\leftarrow D_{\hat{\sigma}}^n$，令 $\hat{y}_i=(y_{i0}, y_{i1})$，$\hat{y}'_i=(y'_{i0}, y'_{i1})$；

(2) 计算 $e\leftarrow H((y_{i0}+h_0*y_{i1}), \mu)$ 和 $e'\leftarrow H(y'_{i0}+y'_{i1}*h_0, \mu)$；

(3) 计算 $z_i=(s_{p(i)0}*e+y_{i0}, s_{p(i)1}*e+y_{i1})$ 和 $z'_i=(z'_{i0}, z'_{i1})=(s_{i0}*e'+y'_{i0}, s_{i1}*e'+y'_{i1})$；

(4) 输出签名 $sig=(z_i, z'_i, e, e')$ 作为代理签名人 i 对消息 μ 的代理签名。

验证（Verify）：输入原始签名人公钥 h_0，代理签名人公钥 pk_i，代理签名人身份 id_i，消息 $\mu \in \{0, 1\}^*$ 和签名 $sig=(z_i, z'_i, e, e')$，验证者输出“1”当且仅当：

（1）$\|(z_{i0}, z_{i1})\| \leqslant 2\hat{\sigma}\sqrt{2n}$，$\|(z'_{i0}, z'_{i1})\| \leqslant 2\hat{\sigma}\sqrt{2n}$；

（2）$e=H((z_{i0}+h_0 * z_{i1})-H_1(id_i)e, \mu)$ 成立，且 $e'=H((z'_{i0}+z'_{i1} * h_0)-pk_i e', \mu)$ 也成立。

否则，输出为“0”。

7.3.2　方案满足的性质

定理 7.4（正确性）　由以上签名方案得到的签名满足正确性。

证明：对于验证阶段的条件 1，由引理 2.7 和引理 2.8 可知 $\|(z_{i0}, z_{i1})\leqslant 2\hat{\sigma}\sqrt{2n}$，$\|(z'_{i0}, z'_{i1})\| \leqslant 2\hat{\sigma}\sqrt{2n}$ 以压倒势的概率成立。对于条件 2，由签名算法可知：

$$
\begin{aligned}
&(z_{i0}+h_0 * z_{i1})-H_1(id_i)e \\
&=(s_{p(i)0}+h_0 * s_{p(i)1})e+y_{i0}+h_0 * y_{i1}-H_1(id_i)e \\
&=(s_{p(i)0}+h_0 * s_{p(i)1})e+y_{i0}+h_0 * y_{i1}-(s_{p(i)0}+h_0 * s_{p(i)1})e \\
&=y_{i0}+h_0 * y_{i1}
\end{aligned} \tag{7-3}
$$

$$
\begin{aligned}
&(z'_{i0}+z'_{i1} * h_0)-pk_i e' \\
&=(s_{i0}+h_0 * s_{i1})e'+y'_{i0}+y'_{i1} * h_0-pk_i e' \\
&=(s_{i0}+h_0 * s_{i1})e'+y'_{i0}+y'_{i1} * h_0-(s_{i0}+h_0 * s_{i1})e' \\
&=y'_{i0}+y'_{i1} * h_0
\end{aligned} \tag{7-4}
$$

所以有等式 $e=H((z_{i0}+h_0 * z_{i1})-H_1(id_i)e, \mu)$ 成立，且有等式 $e'=H((z'_{i0}+h_0 * z'_{i1})-pk_i e', \mu)$ 也成立。

定理 7.5（不可伪造性 1）　假定 NTRU 格上的 SIS 问题是困难的，那么，对于多项式时间的 Type1 敌手 $\mathcal{A}_1$，赢得与挑战者 C 的交互游戏的概率是可以忽略的，也就是说，对于未被授权的代理签名者来说，该方案满足不可伪造性。

证明：假定多项式时间的敌手 $\mathcal{A}_1$ 在多项式次的询问过后可以以可忽略的概率 ε 输出一个伪造的代理签名，那么我们可以以如下方式构造一个多项式时间的算法 C 求解 NTRU 格上的 SIS 问题。

算法 C 调用 NTRU 格上的 SIS 问题。

给定：在 $R_q^\times$ 上均匀随机选取的多项式 h_0 和实数 β。

返回：u_0，$u_1 \in R_q$，满足 $0< \| (u_0,u_1) \| \leqslant \beta$ 且 $s_0+s_1 * h_0=\mathbf{0}(\bmod q)$。

Setup：给定安全参数 n，算法 C 运行该算法生成系统的公共参数 PP。

KeyGen Query：输入系统的公共参数，代理签名人 i 的身份 id_i，算法 C 随机选取 s_{i0}，$s_{i1} \in D_s^n$ 并计算 $pk_i=s_{i0}+s_{i1} * h_0$，其中 $sk_i=(s_{i0},s_{i1})$，最后，C 将 (sk_i, pk_i) 发送给代理签名人 i。

***H_1* 询问**：敌手维持一个列表 H_1-list，初始为空。当敌手发送身份 id_i 做哈希询问时，算法 C 在 H_1-list 列表中查找身份 id_i。若该身份已存在，C 返回相应的 $H_1(id_i)$ 给敌手 $\mathcal{A}$ 。否则，C 随机选择 $s_{p(i)0}, s_{p(i)1} \leftarrow D_s^n$ 并计算 $H_1(id_i)=s_{p(i)0}+s_{p(i)1} * h_0$。最后 C 存储 $(id_i, sk_{p(i)}=(s_{p(i)0}, s_{p(i)1}), H_1(id_i))$ 在 H_1-list 中并返回相应的 $H_1(id_i)$ 给敌手 $\mathcal{A}_1$。

Delegate Query：为了得到代理签名人的代理密钥，输入代理签名人身份 id_i，算法 C 首先在列表 H_1-list 查看 id_i 是否已经存在，若已存在，则将相应的 $sk_{p(i)}$ 发送给敌手 $\mathcal{A}_1$。否则，C 随机选择 $s_{p(i)0}, s_{p(i)1} \leftarrow D_s^n$ 并计算 $H_1(id_i)=s_{p(i)0}+s_{p(i)1} * h_0$。最后 C 存储 $(id_i, sk_{p(i)}=(s_{p(i)0}, s_{p(i)1}), H_1(id_i)$，在 H_1-list 中并返回相应的 $sk_{p(i)}$ 给敌手 $\mathcal{A}_1$。

***H* 询问**：C 维持一个初始为空的列表 H-list。当敌手 $\mathcal{A}_1$ 对 (id_i, μ) 做哈希询问时，首先检查 H-list 列表中是否有 (id_i, μ)，若有，则返回 $\{e, e'\}$ 给敌手 $\mathcal{A}_1$。否则，算法 C 首先选择 y_{i0}，y_{i1}，y'_{i0}，$y'_{i1} \leftarrow D_\sigma^n$ 和 $e, e' \leftarrow \{\boldsymbol{v}: \boldsymbol{v} \in \{-1,0,1\}^k, \|\boldsymbol{v}\| \leqslant \lambda\}$，令 $e=H(y_{i0}+y_{i1} * h_0, \mu)$，$e'=H(y'_{i0}+y'_{i1} * h_0, \mu)$。随后，算法 C 选取 z_{i0}，z_{i1}，z'_{i0}，$z'_{i1} \leftarrow D_\sigma^n$，设置 $z_i=(z_{i0}, z_{i1})$，$z'_i=(z'_{i0}, z'_{i1})$。最后，算法 C 存储 $\{sig=(\{z'_{i0}, z'_{i1}\}, e, e'), id, \mu\}$ 在列表 H-*list* 中，并返回 $\{e, e'\}$ 给敌手 $\mathcal{A}_1$。

代理签名询问：不失一般性地，假设敌手已经对 (id_i, μ) 做过哈希询问。当敌手发送 (id_i, μ) 做签名询问时，算法 C 在 H-list 列表中查找 (id_i, μ) 并返回相应的 $sig=(\{z'_{i0}, z'_{i1}\}, e, e')$ 给敌手 $\mathcal{A}_1$。

伪造：最后，敌手 $\mathcal{A}_1$ 输出一个合法的代理签名 (id_i, μ^*, sig^*) 使得 **Verify** (id_i, μ^*, sig^*) 输出为“1”，并且未对 id_{i*} 做过代理授权询问，且 (id_i, μ^*) 未在签名询问中出现过。

下面分析算法 C 怎样求解 NTRU 格上的 SIS 问题。

接收到伪造签名 $sig*=(e^*,z^*,e^{*\prime},z^{*\prime})$后，模拟者 C 运用文献［75］中的伪造引理输出对 μ^* 的另一伪造签名 $sig'=(e'^*,z'^*,e^{*\prime},z^{*\prime})$。由于签名 sig'是合法的，故而满足$(z_{i0}^*+z_{i1}^**h_0)-(s_{p(i0)}^*+s_{p(i)1}^**h_0)*e^*=(z_0'^*+z_1'^**h_0)-(s_{p(i)0}^*+s_{p(i)1}^**h_0)*e'^*$。所以，等式$[(z_{i0}^*-z_{i0}'^*)+(z_{i1}^*-z_{i1}'^*)*h_0]=(s_{p(i)0}^*+s_{p(i)1}^**h_0)*(e^*-e'^*)$成立。由于不等式$\|(z_{i0}^*-z_{i0}'^*)-s_{p(i0)}^**(e^*-e'^*)\|\leqslant\|z_{i0}^*\|+\|z'^*_{i0}\|+\|s_{p(i)0}^*\|\cdot\|e^*-e'^*\|\leqslant(4\sigma+2\lambda s)\sqrt{n}$成立，$\|(z_{i1}^*-z_{i1}'^*)-s_{p(i)1}^**(e^*-e'^*)\|\leqslant\|z_{i1}^*\|+\|z_{i1}'^*\|+\|s_{p(i)1}^*\|\cdot\|e^*-e'^*\|\leqslant(4\sigma+2\lambda s)\sqrt{n}$也成立。

根据NTRU格上陷门函数的原像最小熵性质可知，以大概率存在一个新的代理密钥 $sk'_{p(i)}=(s'_{p(i)0},s'_{p(i)1})$使得除第 i 个系数以外与代理密钥 $sk_{p(i)}^*=(s_{p(i)0}^*,s_{p(i)1}^*)$完全相同,并且有等式 $s'_{p(i)0}+s'_{p(i)1}*h=H_1(id_{i^*})$成立。若不等式 $s'_{p(i)0}\neq s^*_{p(i)0}$,成立,则有$[z_{i0}^*-z_{i0}'^*-s_{p(i)0}^*(e^*-e'^*)]-[z_{i0}^*-z_{i0}'^*-s'_{p(i)0}(e^*-e'^*)]=(s_{p(i)0}^*-s_{p(i)0}^*)(e^*-e'^*)\neq0$。所以,若 $z_{i0}^*-z_{i0}'^*-s'_{p(i)0}(e^*-e'^*)=0$,则 $z_{i0}^*-z_{i0}'^*-s_{p(i)0}^*(e^*-e'^*)\neq0$。同理,若 $s'_{p(i)1}\neq s^*_{p(i)1}$,则有$[z_{i1}^*-z_{i1}'^*-s_{p(i)1}^*(e^*-e'^*)]-[z_{i1}^*-z'^*_{i1}-s'_{p(i)1}(e^*-e'^*)]=(s'_{p(i)1}-s_{p(i)1}^*)(e^*-e'^*)\neq0$。所以，如果 $z_{i1}^*-z_{i1}'^*-s'_{p(i)1}(e^*-e'^*)=0$，则 $z_{i1}^*-z'^*_{i1}-s^*_{p(i)1}(e^*-e'^*)\neq0$。综合以上两种情况可得，（$[z_{i0}^*-z_{i0}'^*-s^*_{p(i)0}(e^*-e'^*)]$，$[z_1^*-z_1'^*-s^*_{p(i)1}(e^*-e'^*)]$）$\neq0$ 以至少0.75的概率成立。

故而（$[z_{i0}^*-z_{i0}'^*-s^*_{p(i)0}(e^*-e'^*)]$，$[z_{i1}^*-z_{i1}'^*-s^*_{p(i)1}(e^*-e'^*)]$）为以上NTRU格上的SIS问题的解，其中 $\beta\geqslant(4\sigma+2\lambda s)\sqrt{2n}$。

定理7.6（不可伪造性2）　假定NTRU格上的SIS问题是困难的，那么，对于多项式时间的Type2敌手 $\mathcal{A}_2$，赢得与挑战者 C 的交互游戏的概率是可以忽略的，也就是说，对于恶意的原始签名人来说，该方案满足不可伪造性。

证明：假定多项式时间的敌手 $\mathcal{A}_2$在多项式次的询问过后可以以不可忽略的概率 ε 输出一个伪造的代理签名，那么我们可以以如下方式构造一个多项式时间的算法 C 求解NTRU格上的SIS问题。

算法 C 调用NTRU格上的SIS问题。

给定：在 $R_q^\times$ 上均匀随机选取的多项式 h_0 和实数 β。

返回：u_0，$u_1\in R_q$，满足$\|(u_0,u_1)\|\leqslant\beta$ 且 $s_0+s_1*h_0=\mathbf{0}\ (mod q)$。

Setup：给定安全参数 n，算法 C 运行该算法生成系统的公共参数 PP。

KeyGen Query：输入系统的公共参数，原始签名人的身份 id_0，算法 C 运行 **KeyGen** 算法生成原始签名人的公私钥对 $\{pk_0 = h_0 \in R_q,\ sk_0 = \boldsymbol{B}_0 \in \mathbb{Z}_q^{2n\times 2n}\}$。

***H_1* 询问**：敌手维持一个列表 H_1-list，初始为空。当敌手发送身份 id_i 做哈希询问时，算法 C 在 H_1-list 列表中查找身份 id_i。若该身份已存在，C 返回相应的 H_1（id_i）给敌手 $\mathcal{A}_2$。否则，C 随机选择 $s_{p(i)0}$，$s_{p(i)1} \leftarrow D_s^n$ 并计算 $H_1(id_i) = s_{p(i)0} + s_{p(i)1} * h_0$。最后 C 存储 $(id_i, sk_{p(i)} = (s_{p(i)0}, s_{p(i)1}), H_1(id_i))$ 在 H_1-list 中并返回相应的 H_1（id_i）给敌手 $\mathcal{A}_2$。

Delegate Query：为了得到代理签名人的代理密钥，输入代理签名人身份 id_i，算法 C 首先在列表 H_1-list 查看 id_i 是否已经存在，若已存在，则将相应的 $sk_{p(i)}$ 发送给敌手。否则，C 随机选择 $s_{p(i)0}$，$s_{p(i)1} \leftarrow D_s^n$ 并计算 $H_1(id_i) = s_{p(i)0} + s_{p(i)1} * h_0$。最后 C 存储 $(id_i, sk_{p(i)} = (s_{p(i)0}, s_{p(i)1}), H_1(id_i))$ 在 H_1-*list* 中并返回相应的 $sk_{p(i)}$ 给敌手 $\mathcal{A}_2$。

***H* 询问**：C 维持一个初始为空的列表 H-list。当敌手 $\mathcal{A}_2$ 对（id_i，μ）做哈希询问时，首先检查 H-list 列表中是否有 (id_i, μ)，若有，则返回 $\{e,\ e'\}$ 给敌手 $\mathcal{A}_2$。否则，算法 C 首先选择 y_{i0}，y_{i1}，y'_{i0}，$y'_{i1} \leftarrow D_{\hat{\sigma}}^n$ 和 $e, e' \leftarrow \{\boldsymbol{v} : \boldsymbol{v} \in \{-1,0,1\}^k, \|\boldsymbol{v}\| \le \lambda\}$，令 $e = H(y_{i0} + y_{i1} * h_0,\ \mu)$，$e' = H(y'_{i0} + y'^{*}_{i1} h_0,\ \mu)$。随后，算法 C 选取 z_{i0}，z_{i1}，z'_{i0}，$z'^{*}_{i1} \leftarrow D_{\hat{\sigma}}^n$，设置 $z_i = (z_{i0}, z_{i1})$，$z'_i = (z'_{i0}, z'_{i1})$。最后，算法 C 存储 $\{sig = (\{z'_{i0}, z'_{i1}\}, e, e'), id_i, \mu\}$ 在列表 H-list 中，并返回 $\{e,\ e'\}$ 给敌手 $\mathcal{A}_2$。

代理签名询问：不失一般性地，假设敌手已经对 (id_i, μ) 做过哈希询问。当敌手发送 (id_i, μ) 做签名询问时，算法 C 在 H-list 列表中查找 (id_i, μ) 并返回相应的 $sig = (z_i, z'_i e, e')$ 给敌手 $\mathcal{A}_2$。

伪造：最后，敌手 $\mathcal{A}_2$ 输出一个合法的代理签名 (id_{i^*}, μ^*, sig^*) 使得 **Verify**(id_{i^*}, μ^*, sig^*) 输出为"1"，并且，未对 id_{i^*} 做过密钥生成询问，且 (id_{i^*}, μ^*) 从未在签名询问中出现过。

下面分析算法 C 怎样求解 NTRU 格上的 SIS 问题。

接收到伪造签名 $sig^* = (e^*, z^*, e^{*\prime}, z^{*\prime})$ 后，模拟者 C 运用文献［75］中的伪造引理输出对 μ^* 的另一伪造签名 $sig' = (e^*, z^*, e'', z'')$。由于签名 sig' 是合法的，故而，满足等式 $(z_{i0}^{*\prime} + z_{i1}^{*\prime} * h_0) - (s_{i0}^{*\prime} + s_{i1}^{*\prime} * h_0) * e^{*\prime} = (z''_{i0} + z''^{*}_{1} * h_0) - (s_{i0}^{*\prime} + s_{i1}^{*\prime} * h_0) * e''$。所以，等式 $[(z_{i0}^{*\prime} - z''_{i0}) + (z_{i1}^{*\prime} - z''_{i1}) * h_0] = (s_{i0}^{*\prime} +$

$s_{i1}^{*\prime} * h_0) * (e^{*\prime} - e'')$ 成立。由于不等式 $\| (z_{i0}^{*\prime} - z_{i0}'') - s_{i0}^{*\prime} * (e^{*\prime} - e'') \| \leqslant \| z_{i0}^{*\prime} \| + \| z_{i0}'' \| + \| s_{i0}^{*\prime} \| \cdot \| e^{*\prime} - e'' \| \leqslant (4\sigma + 2\lambda s)\sqrt{n}$ 成立，$\| (z_{i1}^{*\prime} - z_{i1}'') - s_{i1}^{*\prime} * (e^{*\prime} - e'') \| \leqslant \| z_{i1}^{*\prime} \| + \| z_{i1}'' \| + \| s_{i1}^{*\prime} \| \cdot \| e^{*\prime\prime} - e'' \| \leqslant (4\sigma + 2\lambda s)\sqrt{n}$ 也成立。

根据 NTRU 格上陷门函数的原像最小熵性质可知，以大概率存在一个新的代理签名人密钥 $sk_i' =$（s_{i0}'，s_{i1}'）使得除第 i 个系数以外与代理签名人密钥 $sk_i^{*\prime} = (s_{i0}^{*\prime}, s_{i1}^{*\prime})$ 完全相同，且有等式 $s_{i0}' + s_{i1}' * h = pk^{*\prime}$ 成立。若不等式 $s_{i0}' \neq s_{i0}^{*\prime}$ 成立，则有 $[z_{i0}^{*\prime} - z_{i0}'' - s_{i0}^{*\prime} * (e^{*\prime} - e'')] - [z_{i0}^{*\prime} - z_{i0}'' - s_{i0}'(e^{*\prime} - e'')] = (s_{i0}' - s_{i0}^{*\prime})(e^{*\prime} - e'') \neq 0$。所以，若 $z_{i0}^{*\prime} - z_{i0}'' - s_{i0}'(e^{*\prime} - e'') = 0$，则 $z_{i0}^{*\prime} - z_{i0}'' - s_{i0}^{*\prime} * (e^{*\prime} - e'') \neq 0$。同理，若 $s_{i1}' \neq s_{i1}^{*\prime}$ 则有 $[z_{i1}^{*\prime} - z_{i1}'' - s_{i1}^{*\prime} * (e^{*\prime} - e'')] - [z_{i1}^{*\prime} - z_{i1}'' - s_{i1}'(e^{*\prime} - e'')] = (s_{i1}' - s_{i1}^{*\prime})(e^{*\prime} - e'') \neq 0$。所以，如果 $z_{i1}^{*\prime} - z_{i1}'' - s_{i1}'(e^{*\prime} - e'') = 0$，则 $z_{i1}^{*\prime} - z_{i1}'' - s_{i1}^{*\prime} * (e^{*\prime} - e'') \neq 0$。综合以上两种情况可得，$([z_{i0}^{*\prime} - z_{i0}'' - s_{i0}^{*\prime} * (e^{*\prime} - e'')], [z_{i1}^{*\prime} - z_{1i}'' - s_{i1}^{*\prime} * (e^{*\prime} - e'')]) \neq 0$ 以至少 0.75 的概率成立。

故而 $([z_{i0}^{*\prime} - z_{i0}'' - s_{i0}^{*\prime} * (e^{*\prime} - e'')], [z_{i1}^{*\prime} - z_{i1}'' - s_{i1}^{*\prime} * (e^{*\prime} - e'')])$ 为以上 NTRU 格上的 SIS 问题的解，其中 $\beta \geqslant (4\sigma + 2\lambda s)\sqrt{2n}$。

从签名方案可以看出，本节提出的 NTRU 格上的身份基代理签名方案与上节 NTRU 格上的代理签名方案具有相同尺寸的代理私钥和签名。因而，我们可以认为本节提出的 NTRU 格上的身份基代理签名方案同样具有较高效率。

7.4　代理重签名的定义及安全性模型

7.4.1　代理重签名的定义

定义 7.2（代理重签名）　一个完整的代理重签名方案由以下 6 个算法构成。

系统设置（Setup）： 输入安全参数 n，该算法计算并公开系统的公共参数 PP。

密钥生成（KeyGen）：给定系统的公共参数 PP，该算法计算签名人的公私钥对（sk_i，pk_i）。

重签名密钥生成（Re-KeyGen）：输入公共参数 PP，签名人 U_i 的公钥 pk_i 以及签名人 U_j 的私钥 sk_j，算法计算重签名密钥 $S_{i\to j}$，该密钥能将签名人 U_i 的签名转换成签名人 U_j 的签名。

签名（Sign）：输入 PP，待签名消息 μ，用户 U_i 的签名密钥 sk_i 以及 $l\in\{1,\cdots,L\}$，该用户计算并输出第 l 层签名 sig_{il}。

重签名（Re-Sign）：输入 PP，sig_{il}，以及重签名私钥 $S_{i\to j}$，该算法首先检查 sig_{il} 对于公钥 pk_i 是否合法，若合法，算法计算并输出公钥 pk_j 下第 $l+1$ 层的签名 sig′。

签名验证（Verify）：输入消息 PP，μ，$l\in\{1,\cdots,L\}$，pk_i 以及签名 sig，该算法输出"1"当且仅当 **Verify**（PP，μ，l，sig_{il}，$S_{i\to j}$）= 1 和 **Verify**（PP，μ，$l+1$，sig'，pk_j）= 1。其中 sig' = **Re-Sign**（PP，l，μ，sig_{il}，$S_{i\to j}$）并且 $S_{i\to j}$ = **Re-KenGen**（PP，pk_i，sk_i）。否则，输出为"0"。

7.4.2 代理重签名的安全性模型

不可伪造性：考虑到签名方案的不可伪造性时，我们应该同时考虑外部和内部两种安全性。

External security：方案满足外部安全性是指任意一个来自系统外部的敌手（排除代理人、被委托人和委托人）若能找到一个 PPT 的算法能够攻破该签名方案，那么其成功的概率为关于安全参数 n 的可忽略函数，即：

$\Pr[\{(sk_i,pk_i)\leftarrow \textbf{Keygen}(n)\}_{i\in[1,N]},(i^*,L,m^*,sig^*)\leftarrow \mathcal{A}^{O_{\text{Sign}(\cdot)},O_{\text{Re-Sign}(\cdot)}}(\{pk_i\}_{i\in[1,N]})$:

Verify$(L,\mu^*,sig^*,pk_{i^*})=1\wedge(1\leqslant i^*\leqslant N)\wedge(i^*,m^*,sig^*)\notin Q]<1/\text{poly}(n)$。

其中，预言机 $O_{\text{Sign}}()$ 以消息 μ，索引 $i\in\{1,\cdots,N\}$ 以及 $l\in\{1,\cdots,L\}$ 为输入，能够返回第 l 层的签名 $sig_{il}\leftarrow$**Sign**（l，sk_i，μ）。输入消息 μ，索引 i，$j\in\{1,\cdots,N\}$ 以及第 l 层的签名 sig_{il}，$O_{\text{Re-Sign}}()$ 输出 $sig'\leftarrow$**Re-Sign**（PP，l，μ，sig_{il}，$S_{i\to j}$，pk_i，pk_j）。Q 代表集合对（i，μ）或者集合（i，μ，sig_{il}），分别表示 $O_{\text{Sign}}()$ 和 $O_{\text{Re-Sign}}()$ 的输入。

Internal security：方案满足内部安全性是指不可信的代理签名人或者

不可信委托人抑或是不可信的被委托人均不能攻破签名方案。因而，根据敌手的身份不同，内部安全性又可详细地划分为以下三类：

（1）Limited Proxy Security 限制代理签名人安全是指代理签名人满足以下条件：①不能代替被委托人进行签名；②不能代替委托者签名，除非当前消息首先由委托者的一个被委托人签名。除了敌手能直接获得重签名密钥外，其他情况与外部安全性的模拟游戏一致。敌手攻破签名方案的成功概率为关于安全参数 n 的可忽略函数，即：

$$\Pr[\{(sk_i,pk_i)\leftarrow \mathbf{Keygen}(n)\}_{i\in[1,N]},\{S_{i\to j}\leftarrow \mathbf{Re\text{-}Keygen}(pk_i,sk_j)\}_{i,j\in[1,N]},$$

$$(i^*,L,\mu^*,sig^*)\leftarrow \mathcal{A}^{O_{Sign(\cdot)}}(\{pk_i\}_{i\in[1,N]},\{S_{i\to j}\}_{i,j\in[1,N]}):$$

$$\mathbf{Verify}(L,\mu^*,sig^*,pk_{i^*})=1\wedge(1\leqslant i^*\leqslant N)\wedge(i^*,\mu^*)\notin Q]<1/\mathrm{poly}(n)。$$

其中，预言机 O_{Sign}（）以消息 μ，索引 $i\in\{1,\cdots,N\}$ 以及 $l\in\{1,\cdots,L\}$ 为输入，能够返回第 l 层的签名 $sig_{il}\leftarrow\mathbf{Sign}(l,sk_i,\mu)$。$Q$ 代表集合对（i，μ），表示 O_{Sign}（）输入。

（2）Delegatee Security 被委托人安全能够保护诚实的被委托人免受委托人和代理签名人的共谋威胁。更准确地说，委托人和代理签名人的共谋并不能够生成代表被委托人的任何签名。在这里，我们将索引 0 分配给被委托人。很明显，在这种环境下敌手可以计算重签名密钥 $S_{i\to j}$（满足 $i\neq0$，$j\neq0$），敌手攻破签名方案的成功概率为关于安全参数 n 的可忽略函数，即：

$$\Pr[\{(sk_i,pk_i)\leftarrow\mathbf{Keygen}(n)\}_{i\in[0,N]},(i^*,L,\mu^*,sig^*)\leftarrow \mathcal{A}^{O_{Sign(\cdot)}}$$

$$(pk_0,\{pk_i,sk\}_{i,j\in[1,N]}):$$

$$\mathbf{Verify}(L,\mu^*,sig^*,pk_0)=1\wedge(1\leqslant i^*\leqslant N)\wedge(i^*,\mu^*)\notin Q]<1/\mathrm{poly}(n)。$$

其中，Q 代表集合对（i，μ），即 O_{Sign}（）的输入。

（3）Delegator Security 委托人安全能够保护诚实的委托人免受被委托人和代理签名人的合谋攻击。更准确地说，被委托人和代理签名人的共谋并不能够生成代表委托人的任何签名。在这里，我们将索引 0 分配给目标委托人。很明显，在这种环境下敌手知晓其他签名人的签名密钥和重签名密钥 $S_{i\to j}$（满足 $i\neq0$，$j\neq0$），敌手攻破签名方案的成功概率为关于安全参数 n 的可忽略函数，即：

$$\Pr[\{(sk_i,pk_i)\leftarrow \mathbf{Keygen}(n)\}_{i\in[0,N]},\{S_{i\to j}\leftarrow \mathbf{Re\text{-}Keygen}(pk_i,sk_j)\}_{i,j\in[0,N]},$$

$$(i^*,L,\mu^*,sig^*)\leftarrow \mathcal{A}^{O_{Sign(\cdot)}}(pk_0,\{pk_i,sk\}_{i,j\in[0,N]},\{S_{i\to j}\}_{i,j\in[0,N]}):$$

$$\mathbf{Verify}(L,\mu^*,sig^*,pk_0)=1\wedge(1\leqslant i^*\leqslant N)\wedge(i^*,\mu^*)\notin Q]<1/\mathrm{poly}(n)。$$

7.5 格上能多次使用的单项代理重签名方案

7.5.1 方案构造

系统设置（Setup）：输入安全参数 n，KGC 首先选择系统公共参数 $PP=\{$正整数 $q\geqslant\beta\cdot\omega(\log n)$、$m\geqslant 6n\log q$、$L_0$、$L\leqslant O(\sqrt{n\log q})$、$k$，光滑参数 $\eta\geqslant\omega(\sqrt{\log m})$，高斯参数 $\sigma\geqslant L\omega(\sqrt{\log m})$，以及 $k+1$ 个随机矩阵 $\{\boldsymbol{C}_t\in\mathbb{Z}_q^{n\times m}\}_{t\in[k]}\}$。

密钥生成（KeyGen）：输入安全参数 n，用户 U_i 运行格上的陷门生成算法 TrapGen（1^n）生成用户 U_i 的公私钥对 $\{\boldsymbol{A}_i\in\mathbb{Z}_q^{n\times m}, \boldsymbol{T}_i\in\mathbb{Z}^{m\times m}\}$，其中 $\boldsymbol{A}_i$ 为随机矩阵，$\boldsymbol{T}_i$ 为格 $\Lambda^{\perp}(\boldsymbol{A}_i)$ 的陷门基，且满足 $\|\tilde{T}_i\|\leqslant O(\sqrt{n\log q})$。

重签名密钥生成（Re-Keygen）：输入用户 U_i 的公钥 $\boldsymbol{A}_i=[\boldsymbol{a}_{i1}|\boldsymbol{a}_{i2}|\cdots|\boldsymbol{a}_{im}]$，用户 U_j 的公钥 $\boldsymbol{A}_j=[\boldsymbol{a}_{j1}|\boldsymbol{a}_{j2}|\cdots|\boldsymbol{a}_{jm}]$ **和私钥** $\boldsymbol{T}_j$，紧接着，运行格上的原像采样算法 SamplePre（$\boldsymbol{A}_i$，$\boldsymbol{T}_i$，σ，$\boldsymbol{a}_{iv}$）生成向量 $\boldsymbol{s}_v$，满足 $\boldsymbol{A}_j\boldsymbol{s}_v=\boldsymbol{a}_{iv}$ 并且 $\|\boldsymbol{s}_v\|\leqslant\sigma\sqrt{m}$。定义 $S'_{i\to j}=[\boldsymbol{s}_1|\cdots|\boldsymbol{s}_m]$，$S_{i\to j}=\begin{pmatrix}S'_{i\to j}, & \vec{\boldsymbol{0}}\\ \vec{\boldsymbol{0}}, & I\end{pmatrix}$。其中，$\vec{\boldsymbol{0}}$ 和 I 分别表示 $m\times m$ 的零矩阵和 $m\times m$ 的单位矩阵。最后，输出重签名密钥 $S_{i\to j}$。

签名（Sign）：输入消息 $\mu\in\{0,1\}^*$，用户 U_i 的签名私钥以及层级索引 $l\in\{1,\cdots,L_0\}$，则用户 U_i 的签名 sig_{il} 的生成过程如下：

（1）当 $l=1$，即当前签名为第一层签名时，用户 U_i 首先计算以下矩阵 $\boldsymbol{A}_{i\mu}=\boldsymbol{A}_i|\boldsymbol{C}_0+\sum_{t=1}^{k}(-1)^{\mu[t]}\boldsymbol{C}_t$，然后运行格基扩展算法 ExtBasis（$\boldsymbol{T}_i$，$\boldsymbol{A}_{i\mu}$）生成一个陷门基 $\boldsymbol{T}_{i\mu}$。随后，用户 U_i 运行原像采样算法 SamplePre（$\boldsymbol{A}_{i\mu}$，$\boldsymbol{T}_{i\mu}$，σ，0）生成签名 sig_{i1}，签名满足 $\boldsymbol{A}_{i\mu}sig_{i1}=\boldsymbol{0}\pmod q$，$\|sig_{i1}\|\leqslant\sigma\sqrt{2m}$。最后，用户 U_i 输出第一层签名 sig_{i1}。

（2）当 $1<l\leqslant L_0$，用户 U_i 首先计算以下矩阵 $\boldsymbol{A}_{i\mu}=\boldsymbol{A}_i|\boldsymbol{C}_0+\sum_{t=1}^{k}$

$(-1)^{\mu[t]}\boldsymbol{C}_t$，然后运行格基扩展算法 ExtBasis（$\boldsymbol{T}_i$，$\boldsymbol{A}_{i\mu}$）生成一个陷门基 $\boldsymbol{T}_{i\mu}$。随后，用户 U_i 运行原像采样算法 SamplePre（$\boldsymbol{A}_{i\mu}$，$\boldsymbol{T}_{i\mu}$，σ，0）生成签名 sig_{il}，签名满足 $\boldsymbol{A}_{i\mu}sig_{il}=\boldsymbol{0}\pmod{q}$ 并且 $\|sig_{il}\|\leqslant\sigma^l(2m)^{l/2}$。最后，用户 U_i 输出第 l 层签名 sig_{il}。

重签名（Re-Sign）：输入消息 $\mu\in\{0,1\}^*$，用户 U_i 在第 l 层的签名 sig_{il} 以及重签名密钥 $S_{i\to j}$，算法首先验证 $\boldsymbol{A}_{i\mu}sig_{il}=\boldsymbol{0}\pmod{q}$ 并且 $\|sig_{il}\|\leqslant\sigma^l(2m)^{l/2}$ 是否满足。若满足，算法计算重签名 $sig_{il\to j(l+1)}=S_{i\to j}sig_{il}$。

验证（Verify）：输入签名层级索引 $l\in\{1,\cdots,L_0\}$，消息 μ、重签名 $sig_{il\to j(l+1)}$ 以及矩阵 $\boldsymbol{A}_j$，验证者输出“1”当且仅当以下两个条件成立：①$\boldsymbol{A}_{j\mu}sig_{il\to j(l+1)}=\boldsymbol{0}\pmod{q}$；②$\|sig_{il\to j(l+1)}\|\leqslant\sigma^{l+1}(2m)^{(l+1)/2}$。否则，验证者输出为“0”。

7.5.2　方案满足的性质

定理 7.7（多次使用性）　由以上签名方案得到的签名满足多次使用性。

证明：假设共有 r 个签名人，签名层数最多为 L_0。那么用户 U_r 的第 l 层签名为：

$$sig_{rl}=S_{r-1\to r}sig_{(r-1)(l-1)}=S_{r-1\to r}S_{r-2\to r-1}sig_{(r-2)(l-2)} \tag{7-5}$$

（1）当 $2\leqslant r\leqslant l\leqslant L_0$ 时

$$\begin{aligned}sig_{rl}&=S_{r-1\to r}sig_{(r-1)(l-1)}\\&=S_{r-1\to r}S_{r-2\to r-1}sig_{(r-2)(l-2)}\\&=S_{r-1\to r}S_{r-2\to r-1}\cdots S_{1\to 2}sig_{1(l-r+1)}\end{aligned} \tag{7-6}$$

使用用户 U_r 的公钥 $\boldsymbol{A}_{r\mu}$ 验证签名如下：

$$\boldsymbol{A}_{r\mu}sig_{rl}=\boldsymbol{A}_{r\mu}S_{r-1\to r}S_{r-2\to r-1}\cdots S_{1\to 2}sig_{1(l-r+1)} \tag{7-7}$$

由于

$$\begin{aligned}\boldsymbol{A}_{r\mu}S_{r-1\to r}&=\left(\boldsymbol{A}_r\mid\boldsymbol{C}_0+\sum\nolimits_{t=1}^{k}(-1)^{\mu[t]}\mathbf{C}_t\right)\begin{pmatrix}S'_{r-1\to r},\vec{\mathbf{0}}\\\vec{\mathbf{0}},I\end{pmatrix}\\&=\left(\boldsymbol{A}_rS'_{r-1\to r}\mid\boldsymbol{C}_0+\sum\nolimits_{t=1}^{k}(-1)^{\mu[t]}\boldsymbol{C}_t\right)\\&=\boldsymbol{A}_{(r-1)\mu}\end{aligned} \tag{7-8}$$

所以，有以下等式成立：

$$\begin{aligned}\boldsymbol{A}_{r\mu}sig_{rl} &= \boldsymbol{A}_{r\mu}S_{r-1\to r}S_{r-2\to r-1}\cdots S_{1\to 2}sig_{1(l-r+1)}\\ &= \boldsymbol{A}_{(r-1)\mu}S_{r-2\to r-1}\cdots S_{1\to 2}sig_{1(l-r+1)}\\ &= \boldsymbol{A}_{1\mu}sig_{1(l-r+1)}\\ &= \boldsymbol{0}(\bmod q)\end{aligned} \tag{7-9}$$

并且满足

$$\begin{aligned}\| sig_{rl} \| &= \| S_{r-1\to r}S_{r-2\to r-1}\cdots S_{1\to 2}sig_{1(l-r+1)} \|\\ &\leqslant \| S_{r-1\to r} \| \cdots \| S_{1\to 2} \| \; \| sig_{1(l-r+1)} \|\\ &\leqslant \sigma^{l}(zm)^{l/2}\end{aligned} \tag{7-10}$$

（2）当 $2\leqslant l\leqslant r$ 时

$$\begin{aligned}sig_{rl} &= S_{r-1\to r}sig_{(r-1)(l-1)} = S_{r-1\to r}S_{r-2\to r-1}sig_{(r-2)(l-2)}\\ &= S_{r-1\to r}S_{r-2\to r-1}\cdots S_{r-l+1\to r-l+2}sig_{(r-l+1)1}\end{aligned} \tag{7-11}$$

使用用户 U_r 的公钥 $\boldsymbol{A}_{r\mu}$ 验证签名如下：

$$\boldsymbol{A}_{r\mu}sig_{rl} = \boldsymbol{A}_{r\mu}S_{r-1\to r}S_{r-2\to r-1}\cdots S_{r-l+1\to r-l+2}sig_{(r-l+1)1} \tag{7-12}$$

由于

$$\begin{aligned}\boldsymbol{A}_{r\mu}S_{r-1\to r} &= \left(\boldsymbol{A}_r \mid \boldsymbol{C}_0 + \sum_{t=1}^{k}(-1)^{\mu[t]}\boldsymbol{C}_t\right)\begin{pmatrix}S'_{r-1\to r}, \vec{\boldsymbol{0}}\\ \vec{\boldsymbol{0}}, I\end{pmatrix}\\ &= \left(\boldsymbol{A}_r S'_{r-1\to r} \mid \boldsymbol{C}_0 + \sum_{t=1}^{k}(-1)^{\mu[t]}\boldsymbol{C}_t\right)\\ &= \boldsymbol{A}_{(r-1)\mu}\end{aligned} \tag{7-13}$$

所以，有以下等式成立：

$$\begin{aligned}\boldsymbol{A}_{r\mu}sig_{rl} &= \boldsymbol{A}_{r\mu}S_{r-1\to r}S_{r-2\to r-1}\cdots S_{r-l+1\to r-l+2}sig_{(r-l+1)1}\\ &= \mathbf{A}_{(r-1)\mu}\mathrm{S}_{r-2\to r-1}\cdots \mathrm{S}_{r-l+1\to r-l+2}\mathrm{sig}_{(r-l+1)1}\\ &= \boldsymbol{A}_{(r-l+1)\mu}sig_{(r-l+1)1}\\ &= \boldsymbol{0}(\bmod q)\end{aligned} \tag{7-14}$$

并且满足

$$\begin{aligned}\| sig_{rl} \| &= \| S_{r-1\to r}S_{r-2\to r-1}\cdots S_{r-l+1\to r-l+2}sig_{(r-l+1)1} \|\\ &\leqslant \| S_{r-1\to r} \| \cdots \| S_{r-l+1\to r-l+2} \| \; \| sig_{(r-l+1)1} \|\\ &\leqslant \sigma^{l}(zm)^{l/2}\end{aligned} \tag{7-15}$$

所以，不难证得签名满足多次使用性。

定理 7.8（External Security）　假定格上的 $SIS_{q,n,m,\beta}$ 问题是困难的，那么，以上构造的代理重签名方案在标准模型下满足外部安全性。

证明：假定存在一个 PPT 敌手 $\mathcal{A}$ 在 q_s 次的签名询问和 q_{rs} 次的重签名询问后能够给出合法的伪造签名，那么，我们可以以如下方式构造一个多项式时间的算法 C 求解格上的 $SIS_{q,n,m,\beta}$ 问题。

算法 C 调用格上的 $SIS_{q,n,m,\beta}$ 问题。

给定：在均匀分布上随机选取的矩阵 $\boldsymbol{A}\in\mathbb{Z}_q^{n\times m}$，实数 β。

返回：$\boldsymbol{v}\in\mathbb{Z}^m$，满足 $0<\|\boldsymbol{v}\|\leqslant\beta$ 且 $\boldsymbol{A}\boldsymbol{v}=\boldsymbol{0}\pmod q$。

Setup：当敌手询问用户 U_i（$i\in\{1,\cdots,r\}$）的公钥时，算法 C 运行该算法，按如下方式生成 r 个用户的公钥 $\boldsymbol{A}_1,\cdots,\boldsymbol{A}_r$。

（1）令 $\boldsymbol{A}=\boldsymbol{A}_{i^*}$，模拟者 C 采样得到（i^*-1）个随机矩阵 $S'_{i^*-1\to t^*}$，$S'_{i^*-2\to t^*-1}$，…，$S'_{1\to2}$，然后计算 $\boldsymbol{A}_{i^*-1}=\boldsymbol{A}_{i^*}\boldsymbol{S}'_{i^*-1\to i^*}$，…，$\boldsymbol{A}_1=\boldsymbol{A}_2S'_{1\to2}$。

（2）模拟者 C 采用多次运行陷门生成算法 TrapGen（1^n）生成（$r-i^*$）对（$\boldsymbol{A}_i$，$\boldsymbol{T}_i$），其中 $i^*+1\leqslant i\leqslant r$。

（3）当 $i\leqslant i^*$ 时，模拟者 C 按如下方式构造验证密钥，并将其发送给敌手 $\mathcal{A}$。

1）模拟者 C 运行陷门生成算法 TrapGen（1^n）生成（$\boldsymbol{B}$，$\boldsymbol{T}_B$）；

2）模拟者 C 随机选择 $k+1$ 个矩阵 $\boldsymbol{R}_0$，…，$\boldsymbol{R}_k\in D_{m\times m}$；

3）模拟者 C 随机选择 k 个值 h_1，…，$h_k\in\mathbb{Z}_q$ 并且设置 $h_0=1$；

4）模拟者 C 计算验证密钥 $\{\boldsymbol{C}_0=(\boldsymbol{A}_i\boldsymbol{R}_0+h_0\boldsymbol{B})\bmod q,\cdots,\boldsymbol{C}_k=(\boldsymbol{A}_i\boldsymbol{R}_k+h_k\boldsymbol{B})\bmod q\}$。

Sign Query：当敌手 $\mathcal{A}$ 对（i，μ）做签名询问时，模拟者 C 回应如下。

（1）当 $i\leqslant i^*$ 时：

1）模拟者 C 计算 $\boldsymbol{R}_\mu=\boldsymbol{R}_0+\sum_{t=1}^{k}(-1)^{\mu[t]}\boldsymbol{R}_t$；

2）模拟者 C 计算 $h_\mu=h_0+\sum_{t=1}^{k}(-1)^{\mu[t]}h_t$；

3）如果 $h_\mu=\boldsymbol{0}\pmod q$，终止；

4）否则，模拟者 C 计算 $\boldsymbol{A}_{i\mu}=\boldsymbol{A}_i|\boldsymbol{A}_i\boldsymbol{R}_\mu+h_\mu\boldsymbol{B}$；

5）模拟者 C 运行 SamplePre（$\boldsymbol{A}_{i\mu}$，$\boldsymbol{T}_B$，$\sigma\sqrt{2m}$，0）求得签名 sig_{il}；

6）模拟者 C 输出签名 sig_{il}。

（2）当 $i>i^*$ 时：

1）模拟者 C 计算 $\boldsymbol{A}_{i\mu}=\boldsymbol{A}_i|\boldsymbol{C}_0+\sum_{t=1}^{k}(-1)^{\mu[t]}\boldsymbol{C}_t$；

2）模拟者 C 运行格基扩展算法 ExtBasis（$\boldsymbol{T}_i$，$\boldsymbol{A}_{i\mu}$）生成陷门基 $\boldsymbol{T}_{i\mu}$，然后，C 运行原像采样算法 SamplePre$(\boldsymbol{A}_{i\mu},\boldsymbol{T}_{i\mu},\sigma^l(2m)^{(l-1)/2},0)$求得签名 sig_{il}；

3）模拟者 C 输出签名 sig_{il}。

Re-Sign Query：当敌手 $\mathcal{A}$ 对（i，j，μ，sig_{il}）做重签名询问时，模拟者 C 回应如下。

假定 $j>i^*$，①模拟者 C 运行 **Re-Keygen** 获得重签名密钥 $S_{i\to j}$；②模拟者 C 计算 $sig_{il\to j(l+1)}=S_{i\to j}sig_{il}$，然后输出 $sig_{il\to j(l+1)}$。

Forge：一般情况下，假设敌手 $\mathcal{A}$ 选中 $\boldsymbol{A}_{i^*}$ 作为挑战公钥（概率为 $1/r$），且敌手 $\mathcal{A}$ 在签名询问前已输出 $\boldsymbol{A}_{i^*}$。最后，敌手 $\mathcal{A}$ 输出一个伪造签名（μ^*，sig^*）。

接收到伪造签名后，模拟者 C 进行如下操作。

（1）模拟者 C 计算 $\boldsymbol{R}^*=\boldsymbol{R}_0+\sum_{t=1}^{k}(-1)^{\mu^*[t]}\boldsymbol{R}_t$；

（2）模拟者 C 计算 $h^*=h_0+\sum_{t=1}^{k}(-1)^{\mu^*[t]}h_t$；

（3）如果 $h_\mu\neq\boldsymbol{0}$（mod$q$），终止；

（4）否则，令 $(sig^*)^T=[\boldsymbol{d}_1^{*T}|\boldsymbol{d}_2^{*T}]$，模拟者 C 计算 $\mathrm{sig}_0=\boldsymbol{d}_1^*+\boldsymbol{R}^*\boldsymbol{d}_2^*$，其中签名以压倒势的概率满足 $\boldsymbol{A}_{i^*}sig_0=0$，$sig_0\neq0$，$\|sig_0\|\leqslant(\sigma\sqrt{2m})^l(1+\sqrt{k+1}\cdot\sqrt{m}\eta)$。

令 $\beta=(\sigma\sqrt{2m})^l(1+\sqrt{k+1}\cdot\sqrt{m}\eta)$，那么 sig_0 即为 $\mathrm{SIS}_{q,n,m,\beta}$ 问题的解。

定理 7.9（Limited Security） 假定格上的 $\mathrm{SIS}_{q,n,m,\beta}$ 问题是困难的，那么，以上构造的代理重签名方案在标准模型下是限定安全的。

证明：假定存在一个 PPT 敌手 $\mathcal{A}$ 在 q_s 次的签名询问和 q_{rk} 次的重密钥询问后能够给出合法的伪造签名，那么，我们可以以如下方式构造一个多项式时间的算法 C 求解格上的 $\mathrm{SIS}_{q,n,m,\beta}$ 问题。

算法 C 调用格上的 $\mathrm{SIS}_{q,n,m,\beta}$ 问题。

给定：在均匀分布上随机选取的矩阵 $\boldsymbol{A}\in\mathbb{Z}_q^{n\times m}$，实数 β。

返回：$\boldsymbol{v}\in\mathbb{Z}^m$，满足 $0<\|\boldsymbol{v}\|\leqslant\beta$ 且 $\boldsymbol{Av}=\boldsymbol{0}$（mod$q$）。

Setup：当敌手询问用户 $U_i(i\in\{1,\cdots,r\})$ 的公钥时，算法 C 运行该算法，按如下方式生成 r 个用户的公钥 $\boldsymbol{A}_1$，…，$\boldsymbol{A}_r$。

（1）令 $\boldsymbol{A}=\boldsymbol{A}_{i^*}$；

（2）模拟者 C 运行多次陷门生成算法 TrapGen（1^n）生成（$r-1$）对（$\boldsymbol{A}_i$，$\mathbf{T}_i$），其中 $i=1$，2，…，i^*-1，i^*+1，…，r；

（3）当 $i=i^*$ 时，模拟者 C 按如下方式构造验证密钥，并将其发送给敌手 $\mathcal{A}$。

1）模拟者 C 运行陷门生成算法 TrapGen（1^n）生成（$\boldsymbol{B}$，$\boldsymbol{T}_B$）；

2）模拟者 C 随机选择 $k+1$ 个矩阵 $\boldsymbol{R}_0$，…，$\boldsymbol{R}_k\in\boldsymbol{D}_{m\times m}$；

3）模拟者 C 随机选择 k 个值 h_1，…，$h_k\in\mathbb{Z}_q$ 并且设置 $h_0=1$；

4）模拟者 C 计算验证密钥 $\{\boldsymbol{C}_0=(\boldsymbol{A}_i\boldsymbol{R}_0+h_0\boldsymbol{B})\bmod q,\cdots,\boldsymbol{C}_k=(\boldsymbol{A}_i\boldsymbol{R}_k+h_k\boldsymbol{B})\bmod q\}$。

Sign Query：当敌手 $\mathcal{A}$ 对（i，μ）做签名询问时，模拟者 C 回应如下。

（1）当 $i=i^*$ 时：

1）模拟者 C 计算 $\boldsymbol{R}_\mu=\boldsymbol{R}_0+\sum_{t=1}^{k}(-1)^{\mu[t]}\boldsymbol{R}_t$；

2）模拟者 C 计算 $h_\mu=h_0+\sum_{t=1}^{k}(-1)^{\mu[t]}h_t$；

3）如果 $h_\mu=\mathbf{0}\ (\bmod q)$，终止；

4）否则，模拟者 C 计算 $\boldsymbol{A}_{i\mu}=\boldsymbol{A}_i|\boldsymbol{A}_i\boldsymbol{R}_\mu+h_\mu\boldsymbol{B}$；

5）模拟者 C 运行 SamplePre（$\boldsymbol{A}_{i\mu}$，$\boldsymbol{T}_B$，$\sigma\sqrt{2m}$，0）求得签名 sig_{il}；

6）模拟者 C 输出签名 sig_{il}。

（2）当 $i\neq i^*$ 时：

1）模拟者 C 计算 $\boldsymbol{A}_{i\mu}=\boldsymbol{A}_i|\boldsymbol{C}_0+\sum_{t=1}^{k}(-1)^{\mu[t]}\boldsymbol{C}_t$；

2）模拟者 C 运行格基扩展算法 ExtBasis（$\boldsymbol{T}_i$，$\boldsymbol{A}_{i\mu}$）生成陷门基 $\boldsymbol{T}_{i\mu}$，然后，C 运行原像采样算法 SamplePre（$\boldsymbol{A}_{i\mu}$，$\boldsymbol{T}_{i\mu}$，$\sigma^l(2m)^{(l-1)/2}$，0）求得签名 sig_{il}；

3）模拟者 C 输出签名 sig_{il}。

Re-key Query：当敌手 $\mathcal{A}$ 对（i，j，μ，sig_{il}）做重签名询问时，模拟者 C 回应如下：

假定 $i=i^*$ 或者 $j=i^*$ 时，终止。否则，模拟者 C 运行 **Re-Keygen** 获得重签名密钥 $S_{i\to j}$。

Forge：一般情况下，假设敌手 $\mathcal{A}$ 选中 $\boldsymbol{A}_{i^*}$ 作为挑战公钥（概率为 $1/r$），且敌手 $\mathcal{A}$ 在签名询问前已输出 $\boldsymbol{A}_{i^*}$。最后，敌手 $\mathcal{A}$ 输出一个伪造签名（μ^*，

sig^*)。

接收到伪造签名后，模拟者 C 进行如下操作：

（1）模拟者 C 计算 $\boldsymbol{R}^*=\boldsymbol{R}_0+\sum_{t=1}^{k}(-1)^{\mu^*[t]}\boldsymbol{R}_t$；

（2）模拟者 C 计算 $h^*=h_0+\sum_{t=1}^{k}(-1)^{\mu^*[t]}h_t$；

（3）如果 $h_\mu\neq\mathbf{0}$（mod$q$），终止；

（4）否则，令 $(sig^*)^T=[\boldsymbol{d}_1^{*T}|\boldsymbol{d}_2^{*T}]$，模拟者 C 计算 $\mathrm{sig}_0=\boldsymbol{d}_1^*+\boldsymbol{R}^*\boldsymbol{d}_2^*$，其中签名以压倒势的概率满足 $\boldsymbol{A}_{i^*}sig_0=0$，$sig_0\neq0$，$\|sig_0\|\leqslant(\sigma\sqrt{2m})^l(1+\sqrt{k+1}\cdot\sqrt{m}\eta)$。

令 $\beta=(\sigma\sqrt{2m})^l(1+\sqrt{k+1}\cdot\sqrt{m}\eta)$，那么 sig_0 即为 $\mathrm{SIS}_{q,n,m,\beta}$ 问题的解。

定理 7.10（Delegatee Security） 假定格上的 $\mathrm{SIS}_{q,n,m,\beta}$ 问题是困难的，那么，以上构造的代理重签名方案在标准模型下满足 **Delegatee Security**。

证明：假定存在一个 PPT 敌手 $\mathcal{A}$ 在 q_s 次的签名询问和 q_{rk} 次的重密钥询问后能够给出合法的伪造签名，那么，我们可以以如下方式构造一个多项式时间的算法 C 求解格上的 $\mathrm{SIS}_{q,n,m,\beta}$ 问题。

算法 C 调用格上的 $\mathrm{SIS}_{q,n,m,\beta}$ 问题。

给定：在均匀分布上随机选取的矩阵 $\boldsymbol{A}\in\mathbb{Z}_q^{n\times m}$，实数 β。

返回：$\boldsymbol{v}\in\mathbb{Z}^m$，满足 $0<\|\boldsymbol{v}\|\leqslant\beta$ 且 $\boldsymbol{A}\boldsymbol{v}=0$（mod$q$）。

Setup：当敌手询问用户 U_i（$i\in\{1,\cdots,r\}$）的公钥时，算法 C 运行该算法，按如下方式生成 r 个用户的公钥 $\boldsymbol{A}_1$，…，$\boldsymbol{A}_r$。

（1）令 $\boldsymbol{A}=\boldsymbol{A}_1$；

（2）模拟者 C 运行多次陷门生成算法 TrapGen（1^n）生成（$r-1$）对（$\boldsymbol{A}_i$，$\boldsymbol{T}_i$），其中 $i=2$，3，…，r；

（3）当 $i=i^*$ 时，模拟者 C 按如下方式构造验证密钥，并将其发送给敌手 $\mathcal{A}$：

1）模拟者 C 运行陷门生成算法 TrapGen（1^n）生成（$\boldsymbol{B}$，$\boldsymbol{T}_B$）；

2）模拟者 C 随机选择 $k+1$ 个矩阵 $\boldsymbol{R}_0$，…，$\boldsymbol{R}_k\in D_{m\times m}$；

3）模拟者 C 随机选择 k 个值 h_1，…$h_k\in\mathbb{Z}_q$ 并且设置 $h_0=1$；

4）模拟者 C 计算验证密钥 $\{\boldsymbol{C}_0=(\boldsymbol{A}_i\boldsymbol{R}_0+h_0\boldsymbol{B})\bmod q,\cdots,\boldsymbol{C}_k=(\boldsymbol{A}_i\boldsymbol{R}_k+h_k\boldsymbol{B})\bmod q\}$。

Sign Query：当敌手 $\mathcal{A}$ 对（i，μ）做签名询问时，模拟者 C 回应如下。

（1）当 $i=1$ 时：

1）模拟者 C 计算 $\boldsymbol{R}_\mu=\boldsymbol{R}_0+\sum_{t=1}^{k}(-1)^{\mu[t]}\boldsymbol{R}_t$；

2）模拟者 C 计算 $h_\mu=h_0+\sum_{t=1}^{k}(-1)^{\mu[t]}h_t$；

3）如果 $h_\mu=\boldsymbol{0}\pmod{q}$，终止；

4）否则，模拟者 C 计算 $\boldsymbol{A}_{i\mu}=\boldsymbol{A}_i|\boldsymbol{A}_i\boldsymbol{R}_\mu+h_\mu\boldsymbol{B}$；

5）模拟者 C 运行 SamplePre（$\boldsymbol{A}_{i\mu}$，$\boldsymbol{T}_B$，$\sigma\sqrt{2m}$，0）求得签名 sig_{il}；

6）模拟者 C 输出签名 sig_{il}。

（2）当 $i\neq1$ 时：

1）模拟者 C 计算 $\boldsymbol{A}_{i\mu}=\boldsymbol{A}_i|\boldsymbol{C}_0+\sum_{t=1}^{k}(-1)^{\mu[t]}\boldsymbol{C}_t$；

2）模拟者 C 运行格基拓展算法 ExtBasis（$\boldsymbol{T}_i$，$\boldsymbol{A}_{i\mu}$）生成陷门基 $\boldsymbol{T}_{i\mu}$，然后，C 运行原像采样算法 SamplePre（$\boldsymbol{A}_{i\mu}$，$\boldsymbol{T}_{i\mu}$，$\sigma^l(2m)^{(l-1)/2}$，0）求得签名 sig_{il}；

3）模拟者 C 输出签名 sig_{il}。

Re-Key Query：当敌手 $\mathcal{A}$ 对（i，j，μ，sig_{il}）做重签名询问时，模拟者 C 回应如下。

假定 $i=1$ 时，终止。否则，模拟者 C 运行 **Re-Keygen** 获得重签名密钥 $S_{i\to j}$。

Forge：一般情况下，假设敌手 $\mathcal{A}$ 选中 $\boldsymbol{A}_1$ 作为挑战公钥（概率为 $1/r$），且敌手 $\mathcal{A}$ 在签名询问前已输出 $\boldsymbol{A}_1$。最后，敌手 $\mathcal{A}$ 输出一个伪造签名（μ^*，sig^*）。

接收到伪造签名后，模拟者 C 进行如下操作。

（1）模拟者 C 计算 $\boldsymbol{R}^*=\boldsymbol{R}_0+\sum_{t=1}^{k}(-1)^{\mu^*[t]}R_t$；

（2）模拟者 C 计算 $h^*=h_0+\sum_{t=1}^{k}(-1)^{\mu^*[t]}h_t$；

（3）如果 $h_\mu\neq\boldsymbol{0}\pmod{q}$，终止；

（4）否则，令 $(sig^*)^T=[\boldsymbol{d}_1^{*T}|\boldsymbol{d}_2^{*T}]$，模拟者 C 计算 $sig_0=\boldsymbol{d}_1^*+\boldsymbol{R}^*\boldsymbol{d}_2^*$，其中签名以压倒势的概率满足 $\boldsymbol{A}_{i^*}sig_0=0$，$sig_0\neq0$，$\|sig_0\|\leqslant(\sigma\sqrt{2m})^l(1+\sqrt{k+1}\cdot\sqrt{m}\eta)$。

令 $\beta=(\sigma\sqrt{2m})^l(1+\sqrt{k+1}\cdot\sqrt{m}\eta)$，那么 sig_0 即为 $\mathrm{SIS}_{q,n,m,\beta}$ 问题的解。

定理 7.11（Delegator Security） 以上构造的代理重签名方案在标准模型下不满足 **Delegator Security**。

证明：由签名阶段可知，第一层签名被包含在第二层签名里，第二层签名被包含在第三层签名里，以此类推，直至最后一层签名。故而，被委托人和代理人、签名人在合谋的情况下能够伪装成委托人进行签名，所以，以上签名方案不满足 **Delegator Security**。

7.5.3 效率比较

本节我们从代理重签名尺寸和验证公钥尺寸两个方面来比较本节格上的代理重签名方案与之前格上代理重签名方案[122] 的效率（见表 7-3）。

表 7-3 现存格上代理重签名方案的效率比较

方案	代理重签名长度	验证公钥长度
[122] 中方案	$(\lvert\mu\rvert+1)\ m\log q$	$(\lvert\mu\rvert+1)\ m\log q$
7.5.1 中方案	$2m\log q$	$2m\log q$

由表 7-3 可以看出，文献［122］中方案的代理重签名尺寸和验证公钥尺寸明显比 7.5.1 中方案的对应尺寸要大。故而，新代理重签名方案在保证了多次使用性和安全性的同时，效率更高。

7.6 格上能多次使用的基于身份的单项代理重签名方案

7.6.1 方案构造

系统设置（Setup）：输入安全参数 n，KGC 首先选择系统公共参数 $PP=$正整数 $q\geq\beta\cdot\omega(\log n)$、$m\geq 6n\log q$、$L_0$、$L\leq O(\sqrt{n\log q})$、$k$，光滑参

数 $\eta \geqslant \omega(\sqrt{\log m})$，高斯参数 $\sigma \geqslant L\omega(\sqrt{\log m})$，以及 $k+1$ 个随机矩阵 $\{\boldsymbol{C}_t \in \mathbb{Z}_q^{n\times m}\}_{t\in[k]}$，以及 2λ 个随机矩阵 $\{\boldsymbol{U}_i^0, \boldsymbol{U}_i^1 \in D_{m\times m}\}_{t\in[k]}$，一个哈希函数 H：$\{0, 1\}^* \to \{0, 1\}^\lambda$。

主密钥生成（Master KeyGen）：输入安全参数 n，KGC 运行算法 TrapGen（1^n）生成主公私钥对 $\{\boldsymbol{A} \in \mathbb{Z}_q^{n\times m}, \boldsymbol{T} \in \mathbb{Z}^{m\times m}\}$。

私钥提取（User Key-Extract）：输入用户 U_i 的身份 id_i，计算 $h = H(id_i)$，$\boldsymbol{U}_i = \boldsymbol{U}_\lambda^{h[\lambda]} \cdots \boldsymbol{U}_1^{h[1]}$ 以及 $\boldsymbol{A}_i = \boldsymbol{A}(\boldsymbol{U}_i)^{-1}$。然后，KGC 运行格上格基委派算法 BasisDel（$\boldsymbol{A}$，$\boldsymbol{U}_i$，$\boldsymbol{T}$，σ）生成用户 U_i 的公私钥对 $\{\boldsymbol{A}_i \in \mathbb{Z}_q^{n\times m}, \boldsymbol{T}_i \in \mathbb{Z}^{m\times m}\}$，其中 $\boldsymbol{A}_i$ 为随机矩阵，$\boldsymbol{T}_i$ 为格 $\Lambda^\perp(\boldsymbol{A}_i)$ 的陷门基，且满足 $\|\tilde{T}_i\| \leqslant O(\sqrt{n\log q})$。

重签名密钥生成（Re-Keygen）：输入用户 U_i 的公钥 $\boldsymbol{A}_i = [\boldsymbol{a}_{i1} | \boldsymbol{a}_{i2} | \cdots | \boldsymbol{a}_{im}]$，用户 U_j 的公钥 $\boldsymbol{A}_j = [\boldsymbol{a}_{j1} | \boldsymbol{a}_{j2} | \cdots | \boldsymbol{a}_{jm}]$ 和私钥 $\boldsymbol{T}_j$，紧接着，运行格上的原像采样算法 SamplePre（$\boldsymbol{A}_j$，$\boldsymbol{T}_j$，σ，$\boldsymbol{a}_{iv}$）生成向量 $\boldsymbol{s}_v$，满足 $\boldsymbol{A}_j\boldsymbol{s}_v = \boldsymbol{a}_{iv}$ 并且 $\|\boldsymbol{s}_v\| \leqslant \sigma\sqrt{m}$。定义 $S'_{i\to j} = [\boldsymbol{s}_1 | \cdots | \boldsymbol{s}_m]$，$S_{i\to j} = \begin{pmatrix} S'_{i\to j}, & \vec{\boldsymbol{0}} \\ \vec{\boldsymbol{0}}, & \mathrm{I} \end{pmatrix}$。其中，$\vec{\boldsymbol{0}}$ 和 I 分别表示 $m\times m$ 的零矩阵和 $m\times m$ 的单位矩阵。最后，输出重签名密钥 $S_{i\to j}$。

签名（Sign）：输入消息 $\mu \in \{0, 1\}^*$，用户 U_i 的签名私钥以及层级索引 $l \in \{1, \cdots, L_0\}$，则用户 U_i 的签名 sig_{il} 的生成过程如下：

（1）当 $l=1$，即当前签名为第一层签名时，用户 U_i 首先计算以下矩阵 $\boldsymbol{A}_{i\mu} = \boldsymbol{A}_i | \boldsymbol{C}_0 + \sum_{t=1}^{k}(-1)^{\mu[t]}\boldsymbol{C}_t$，然后运行格基扩展算法 ExtBasis（$\boldsymbol{T}_i$，$\boldsymbol{A}_{i\mu}$）生成一个陷门基 $\boldsymbol{T}_{i\mu}$。随后，用户 U_i 运行原像采样算法 SamplePre（$\boldsymbol{A}_{i\mu}$，$\boldsymbol{T}_{i\mu}$，$\boldsymbol{\sigma}$，$\boldsymbol{0}$）生成签名 sig_{i1}，签名满足 $\boldsymbol{A}_{i\mu} sig_{i1} = \boldsymbol{0} \pmod q$，$\|sig_{i1}\| \leqslant \sigma\sqrt{2m}$。最后，用户 U_i 输出第一层签名 sig_{i1}。

（2）当 $1 < l \leqslant L_0$，用户 U_i 首先计算以下矩阵 $\boldsymbol{A}_{i\mu} = \boldsymbol{A}_i | \boldsymbol{C}_0 + \sum_{t=1}^{k}(-1)^{\mu[t]}\boldsymbol{C}_t$，然后运行格基扩展算法 ExtBasis（$\boldsymbol{T}_i$，$\boldsymbol{A}_{i\mu}$）生成一个陷门基 $\boldsymbol{T}_{i\mu}$。随后，用户 U_i 运行原像采样算法 SamplePre（$\boldsymbol{A}_{i\mu}$，$\boldsymbol{T}_{i\mu}$，$\boldsymbol{\sigma}$，$\boldsymbol{0}$）生成签名 sig_{il}，签名满足 $\boldsymbol{A}_{i\mu} sig_{il} = \boldsymbol{0} \pmod q$ 并且 $\|sig_{il}\| \leqslant \sigma^l (2m)^{l/2}$。最后，用户 U_i 输出第 l 层签名 sig_{il}。

重签名（Re-Sign）：输入消息 $\mu \in \{0, 1\}^*$，用户 U_i 在第 l 层的签名

sig_{il} 以及重签名密钥 $S_{i\to j}$，算法首先验证 $\boldsymbol{A}_{i\mu}sig_{il}=\boldsymbol{0}\pmod{q}$ 并且 $\|sig_{il}\|\leq\sigma^{l}(2m)^{l/2}$ 是否满足。若满足，算法计算重签名 $sig_{il\to j(l+1)}=S_{i\to j}sig_{il}$。

验证（Verify）：输入签名层级索引 $l\in\{1,\cdots,L_0\}$，消息 μ，重签名 $sig_{il\to j(l+1)}$ 以及矩阵 $\boldsymbol{A}_j$，验证者输出"1"当且仅当以下两个条件成立：①$\boldsymbol{A}_{j\mu}sig_{il\to j(l+1)}=\boldsymbol{0}\pmod{q}$；②$\|sig_{il\to j(l+1)}\|\leq\sigma^{l+1}(2m)^{(l+1)/2}$。否则，验证者输出为"0"。

7.6.2 方案满足的性质

由以上签名方案得到的签名满足多次使用性，证明与 7.5.1 中定理 7.7 类似。

由以上签名方案得到的签名满足 **Internal Security**、**Limited-Proxy Security**、**Delegatee Security**，除了密钥提取询问外，证明与 7.5.1 中定理类似，故不再赘述。

7.7 小结

本章我们首先介绍了代理签名的发展历程，特别指出格上代理签名的发展状况。紧接着我们给出代理签名的标准化的定义和安全性模型。其次基于 NTRU 格上的抛弃采样技术，我们提出了 NTRU 格上的代理签名方案。我们证明了方案在随机预言机模型下是不可伪造的，即原始签名人和代理签名人均是受保护的。紧接着，我们提出了 NTRU 格上的身份基代理签名方案，其安全性和效率同样可证。最后标准模型下可证安全的能多次使用的格基单向代理重签名方案和基于身份的格基单向代理重签名方案被提出。

第8章　NTRU格上的无证书和基于证书有序聚合签名方案

轻量级密码的出现使得轻量认证成为目前数字签名面临的主要问题。为了压缩不同用户对不同消息的签名，Boneh等引入了聚合签名的概念[123]。所谓聚合签名即是指将多个用户对多个消息的签名聚合成一个签名（用户1对消息 m_1 的签名为 sig_1，用户2对消息 m_2 的签名为 sig_2，…，用户 n 对消息 m_n 的签名为 sig_n，聚合签名为长度等同的签名 sig）。聚合签名虽然能够同时保证用户1对消息 m_1，用户2对消息 m_2 以及用户 n 与之对应签名消息 m_n 的不可抵赖性，但是无论其他用户是否为恶意用户，这种抵赖行为对每个用户都适用。为了解决这个问题，Lysyanskaya等引入有序聚合签名的概念[124]。所谓序列聚合签名即是指聚合可增量并且有序地进行。另外，为了同时解决私钥泄露问题和证书管理问题，Al-Riyami和Paterson于2003年引入了无证书公钥密码学的概念。

为了兼顾无证书签名和聚合签名的优点，Gong等提出无证书聚合签名的概念[125]。自2007年提出以来，诸多优秀的无证书序列聚合签名方案相继涌现[125-129]。Gong等基于双线性映射提出了两个无证书序列聚合签名方案[5]，第一个方案降低了通信以及签名者端的计算成本，却牺牲了存储；第二个签名方案以牺牲通信成本为代价将存储空间压缩到最小。2009年，Zhang等同样基于双线性映射问题提出了一个更高效的无证书聚合签名方案[126]，方案在随机预言机模型下是可证安全的。2010年，Zhang等基于Diffie-Hellman假设提出了一个通信和计算成本都较低的无证书聚合签名[127]，该方案能够抵抗适应性选择消息攻击。紧随其后，Chen等提出了一个可证安全的无证书序列聚合签名方案[128]。2012年，陆海军等基于计算性Diffie-Hellman难题，在随机预言机模型下提出了一个签名长度与人数无关的无证书聚合签名[129]，该方案可以抵抗适应性选择消息和选择身份攻击。

然而现存的无证书聚合签名方案大多基于传统的数论问题（离散对数

或者大整数分解)，而这些问题在后量子时代已不再困难。且考虑到无序聚合签名的存在恶意签名者的风险，寻找抗量子攻击的无证书有序聚合签名将成为我们接下来的研究目标。

本章我们试图将无证书和基于证书的有序聚合签名的概念引入到格公钥体制，构造格上高效的无证书和基于证书的有序聚合用以满足后量子时代电子商务和车载网络等诸多应用场景。

8.1 无证书有序聚合签名的定义及安全性模型

8.1.1 无证书有序聚合签名的定义

定义 8.1 (无证书有序聚合签名) 一个完整的无证书有序聚合签名方案由以下 7 个算法构成。

Setup：输入安全参数 n，KGC 运行该算法输出系统主公钥/主私钥(MPK，MSK)。

Extract-Partial-Private-Key：输入系统主私钥 MSK 以及用户身份 id_i，KGC 运行该算法输出身份为 id_i 的用户的部分私钥 d_i，并将其通过安全的信道发送给该用户。

Set-Secret-Value：该算法由各个用户独自运行。输入用户的身份 id_i，该用户输出其对应身份的私密值 s_i。

Set-Private-Key：输入部分私钥 d_i 和私密值 s_i，拥有身份 id 的用户独自运行该算法输出该用户的完整私钥 sk_i。

Set-Public-Key：输入用户的完整私钥 sk_i，该用户运行该算法输出其公钥 pk_i。

CL - SAggSign：输入(sig_{i-1}，$\vec{pk}_{i-1}$，MPK，$\vec{\mu}_{i-1}$，$\vec{id}_{i-1}$，$\vec{sig}_{i-1}$，μ_i，id_i)，其中，当前签名者身份 id_i，当前消息为 μ_i，$\vec{\mu}_{i-1}$ 表示之前消息的集合。同理，$\vec{id}_{i-1}$ 表示之前签名者身份的集合，$\vec{pk}_{i-1}$ 表示之前公钥的集合，$\vec{sig}_{i-1}$ 表示之前签名的集合，sig_{i-1} 表示用户 U_{i-1} 的聚合签名。收到以上输入

之后，用户 U_i 首先验证算法 **CL－SAggSign**（sig_{i-1}，$\vec{pk}_{i-1}$，MPK，$\vec{\mu}_{i-1}$，$\vec{id}_{i-1}$，$\vec{sig}_{i-1}$）输出是否为“1”，若满足，用户 U_i 继续计算聚合签名 sig_i。最后用户 U_i 将 sig_i，μ_i，id_i，pk_i 添加至相应的集合中。

CL－SAggVerify：输入（$sig_i,\vec{pk}_i,MPK,\vec{\mu}_i,\vec{id}_i,\vec{sig}_i$），该算法输出“1”当且仅当 $\vec{sig}_i$ 为用户名 U_i 对消息集合 $\vec{\mu}_i$ 的合法签名。否则，输出“0”。

定义 8.2（正确性）　令（MPK，MSK）←**Setup**（n），对任意的身份 id_i 有部分密钥 d_i←**Extract－Partial－Private－Key**（MSK，id_i），私密值 s_i←**Set－Secret－Value**（id_i），私钥 sk_i←**Set－Private－Key**（d_i，s_i），公钥 pk_i←**Set－Public－Key**（sk_i），以及 sig_i←**CL－SAggSign**（sig_{i-1}，$\vec{pk}_{i-1}$，MPK，$\vec{\mu}_{i-1}$，$\vec{id}_{i-1}$，$\vec{sig}_{i-1}$，μ_i，id_i），若对于任意的消息 μ_i，验证算法 **CL－SAgg-Verify**（sig_i，$\vec{pk}_i$，MPK，$\vec{\mu}_i$，$\vec{id}_i$，$\vec{sig}_i$）以压倒势的概率输出“1”，则称该无证书签名算法满足正确性。

8.1.2　无证书有序聚合签名的安全性模型

一个安全的无证书有序聚合签名应满足以下 2 个性质。

正确性：由代理签名阶段得到的签名能够顺利通过验证。

不可伪造性：考虑到签名方案的不可伪造性时，我们应该考虑以下两类攻击敌手。

Type 1：外部用户攻击，即 $\mathcal{A}_1$。在这一类攻击中敌手 $\mathcal{A}_1$ 可以用自己选择的值来替换任何用户的公钥。

Type 2：内部 KGC 攻击，即 $\mathcal{A}_2$。在这一类攻击中 $\mathcal{A}_2$是一个恶意的 KGC，知晓主私钥，因而能够得到任何用户的部分密钥。

但是，我们要求第一类敌手只能替换用户公钥不能获得任意用户的部分密钥，而第二类敌手只能得到主私钥而不能替换任意用户的公钥。

无证书签名方案的安全性模型根据两类敌手可分为以下两个游戏，Game1 和 Game2。

Game1 运行如下。

初始化（Initialization）：挑战者 C 首先运行 **Setup** 算法生成主私钥

MSK。此处敌手 $\mathcal{A}_1$ 是外部攻击者，不知道主私钥。

询问（Queries）：敌手 $\mathcal{A}_1$ 可以适应性地做以下询问。

（1）创建用户预言机（Create-User-Oracle）询问。挑战者维护一个初始为空的列表 $L_C=\{id_i, d_i, s_i, sk_i, pk_i\}$。输入身份 $id_i\in\{0, 1\}^*$，挑战者首先在列表 L_C 中查找 id_i。若 id_i 已存在于列表 L_C 中，挑战者 C 返回与身份 id_i 匹配的公钥 pk_i 给敌手 $\mathcal{A}_1$。否则，挑战者依次运行 **Extract-Partial-Private-Key**，**Set-Secret-Value**，**Set-Private-Key** 和 **Set-Public-Key** 输出（d_i, s_i, sk_i, pk_i）。然后挑战者 C 将（id_i, d_i, s_i, sk_i, pk_i）存储在列表 L_C 中，并返回 pk_i 给敌手。

（2）提取部分私钥预言机（Extract-Secret-Value-Oracle）询问：给定身份 $id_i\in\{0, 1\}^*$，挑战者 C 在列表 L_C 中查找身份 id_i，并将其匹配的部分私钥 d_i 返还给敌手 $\mathcal{A}_1$。

（3）提取私密值预言机（Extract-Secret-Value-Oracle）询问：输入用户身份 id_i，挑战者 C 在列表 L_C 中查找身份 id_i，并将与其匹配的私密值 s_i 返还给敌手 $\mathcal{A}_1$。

（4）替换公钥预言机（Replace-Public-Key-Oracle）询问：输入用户身份 id_i 和一个新的公钥 pk'_i，挑战者 C 将列表 L_C 中身份 id 匹配的公钥替换为 pk'_i，并记录此次替换。

（5）无证书序列聚合签名预言机（CL-SASign-Oracle）：输入身份 id_i，消息 μ_i，之前的消息集合 $\vec{\mu}_{i-1}$，之前的身份集合 $\vec{id}_{i-1}$，之前的签名集合 $\vec{sig}_{i-1}$，之前的公钥集合 $\vec{pk}_{i-1}$，用户 U_{i-1} 的聚合签名 sig_{i-1}，以及与当前公钥 pk_i 匹配的私密值 x_i，挑战者 C 首先验证 **CL-SAggSign**（sig_{i-1}, $\vec{pk}_{i-1}$, MPK, $\vec{\mu}_{i-1}$, $\vec{id}_{i-1}$, $\vec{sig}_{i-1}$）输出是否为“1”，若满足，C 查询 L_C 列表获得签名私钥 sk_i。然后，挑战者运行 **CL-SAggSign** 算法输出一个签名 sig_i。注意，如果 pk_i 来自创建用户预言机阶段，则 $x_i=\perp$。

伪造（Forgery）：最后，敌手 $\mathcal{A}_1$ 输出一个关于以下集合（$\vec{id}_k^*=id_1^*|id_2^*|\cdots|id_k^*$, $\vec{m}_k^*=m_1^*|m_2^*|\cdots|m_k^*$）的伪造签名（$sig_k^*$, $\vec{sig}_k^*$）。这里 pk_{i*} 为当前公钥。一般情况下，我们称敌手 $\mathcal{A}_1$ 赢得以上游戏就是指以下四个条件满足：①**CL-SAggVerify**（sig_k^*, $\vec{pk}_k^*$, mpk, $\vec{m}_k^*$, $\vec{id}_k^*$, $\vec{sig}_k^*$）$=1$；

②未对 $id^*_{i^*}$ 做过部分私钥提取询问；③id^*_i 在列表 L_C 中最多出现一次；④未对（$id^*_{i^*}$，$\mu^*_{i^*}$）做过签名询问。

Game2 运行如下。

初始化（Initialization）：挑战者 C 首先运行 **Setup** 算法生成主私钥 MSK。此处敌手 $\mathcal{A}_2$是内部恶意的 KGC，因而知道主私钥。

（1）创建用户预言机（Create-User-Oracle）询问。挑战者维护一个初始为空的列表 $L_C=\{id_i,d_i,s_i,sk_i,pk_i\}$。输入身份 $id_i\in\{0,1\}^*$，挑战者首先在列表 L_C中查找 id_i。若 id_i 已存在于列表 L_C中，挑战者 C 返回与身份 id_i 匹配的公钥 pk_i 给敌手 $\mathcal{A}_2$。否则，挑战者依次运行 **Extract-Partial-Private-Key**，**Set-Secret-Value**，**Set-Private-Key** 和 **Set-Public-Key** 输出（d_i，s_i，sk_i，pk_i）。然后挑战者 C 将（id_i，d_i，s_i，sk_i，pk_i）存储在列表 L_C中，并返回 pk_i 给敌手。

（2）提取部分私钥预言机（Extract-Secret-Value-Oracle）询问：给定身份 $id_i\in\{0,1\}^*$，挑战者 C 在列表 L_C中查找身份 id_i，并将其匹配的部分私钥 d_i 返还给敌手 $\mathcal{A}_2$。

（3）提取私密值预言机（Extract-Secret-Value-Oracle）询问：输入用户身份 id_i，挑战者 C 在列表 L_C中查找身份 id_i，并将与其匹配的私密值 s_i 返还给敌手 $\mathcal{A}_2$。

（4）替换公钥预言机（Replace-Public-Key-Oracle）询问：输入用户身份 id_i 和一个新的公钥 pk'_i，挑战者 C 将列表 L_C中身份 id 匹配的公钥替换为 pk'_i，并记录此次替换。

（5）无证书序列聚合签名预言机（CL-SASign-Oracle）：输入身份 id_i，消息 μ_i，之前的消息集合 $\vec{\mu}_{i-1}$，之前的身份集合 $\vec{id}_{i-1}$，之前的签名集合 $\vec{sig}_{i-1}$，之前的公钥集合 $\vec{pk}_{i-1}$，用户 U_{i-1} 的聚合签名 sig_{i-1}，以及与当前公钥 pk_i 匹配的私密值 x_i，挑战者 C 首先验证 **CL-SAggSign**（sig_{i-1}，$\vec{pk}_{i-1}$，MPK，$\vec{\mu}_{i-1}$，$\vec{id}_{i-1}$，$\vec{sig}_{i-1}$）输出是否为“1”，若满足，C 查询 L_C列表获得签名私钥 sk_i。然后，挑战者运行 **CL-SAggSign** 算法输出一个签名 sig_i。注意，如果 pk_i 来自创建用户预言机阶段，则 $x_i=\perp$。

伪造（Forgery）：最后，敌手 $\mathcal{A}_2$输出一个关于以下集合（$\vec{id}^*_k=id^*_1\mid id^*_2\mid\cdots\mid id^*_k$，$\vec{m}^*_k=m^*_1\mid m^*_2\mid\cdots\mid m^*_k$）的伪造签名（$sig^*_k$，$\vec{sig}^*_k$）。这

里 pk_{i^*} 为当前公钥。一般情况下，我们称敌手 $\mathcal{A}_2$ 赢得以上游戏就是指以下四个条件满足：①**CL-SAggVerify**（sig_k^*，$\vec{pk}_k^*$，mpk，$\vec{m}_k^*$，$\vec{id}_k^*$，$\vec{sig}_k^*$）= 1；②未对 $id_{i^*}^*$ 做过部分私钥提取询问；③id_i^* 在列表 L_C 中最多出现一次；④未对（$id_{i^*}^*$，$\mu_{i^*}^*$）做过签名询问。

8.2 NTRU 格上的无证书有序聚合签名方案

8.2.1 方案描述

令素数 $q=\widetilde{\Omega}(\beta\sqrt{n})\geqslant 2$，$n$ 为安全参数，k，l，λ 为正整数，高斯参数 $s=\Omega((q/n)\sqrt{\ln(8nq)})$，$\sigma=12s\lambda n$ 以及哈希函数 H：$\{0,1\}^*\to\{\boldsymbol{v}\in\mathbb{Z}_q^n\}$，$H_1$：$\mathbb{Z}_q^{2n}\times\{0,1\}^*\to D_{H_1}=\{\boldsymbol{v}:\boldsymbol{v}\in\mathbb{Z}_q^n,0\leqslant\|\boldsymbol{v}\|_1\leqslant\lambda,\lambda<<q\}$，$H_{11}$，$H_{12}$，$H'_{11}$，$H'_{12}$：$\{0,1\}^*\to\{0,1\}^l$，函数 f_h：$R''^2\to R_q$，G_{f_h}：$\{0,1\}^l\to R'$ 以及 enc：$\{0,1\}^*\to\{0,1\}^*\times R'$。其中，$k$ 表示签名人的数量，$\log_2(R')>l$，$R'=\{v\in R_q,\|v\|\leqslant\sigma\sqrt{n}/2\}$，$l\leqslant n$，$R''=\{v\in R_q,\|v\|\leqslant\sigma\sqrt{n}\}$。那么 NTRU 格上的无证书签名方案描述如下。

Setup：输入安全参数 n，私钥生成中心 KGC 运行 NTRU 格上的陷门生成算法生成一个多项式 $h\in R_q^\times$ 和一个陷门基 $\boldsymbol{B}=\begin{bmatrix}\boldsymbol{C}(f), & \boldsymbol{C}(g)\\ \boldsymbol{C}(F), & \boldsymbol{C}(G)\end{bmatrix}\in\mathbb{Z}_q^{2n\times 2n}=R_q^{2\times 2}$，分别作为该方案的主公钥 MPK 和主私钥 MSK。其中 $\boldsymbol{B}$ 是 NTRU 格 $\Lambda_{h,q}$ 的陷门基。

Extract-Partial-Private-Key：输入主私钥 MSK 和身份 id_i，私钥生成中心首先计算 $H(id_i)$，并运行 NTRU 格上的原像采样算法 SamplePre($\boldsymbol{B}$，s，($H(id_i)$，0))生成$(s_{i,1},s_{i,2})$。随后，私钥生成中心将$(s_{i,1},s_{i,2})$发送给身份为 id_i 的用户。用户接收到$(s_{i,1},s_{i,2})$后，首先验证 $\|(s_{i,1},s_{i,2})\|\leqslant s\sqrt{2n}$，$s_{i,1}+s_{i,2}*h=H(id_i)$ 是否成立。若成立，用户将（$s_{i,1}$，$s_{i,2}$）定义为 d_i。否则，抛弃。

Set-Secret-Value：用户 U_i 选择 $s'_{i,1}$，$s'_{i,2} \in D_s^n$ 并输出 $s_i=(s'_{i,1}, s'_{i,2})$。

Set-Private-Key：输入部分私钥 d_i 和私密值 s_i，身份为 id_i 的用户输出 $sk_i=(d_i, s_i)$ 为完整私钥。

Set-Public-Key：输入私钥 sk_i，身份为 id_i 的用户 U_i 计算并输出公钥 $pk_i=s'_{i,1}+s'_{i,2} * h$。

CL-SAggSign：输入消息 μ_i，身份 id_i 和私钥 sk_i，以及 $\sum_{i-1}$，签名算法执行如下：

（1）如果 $i=1$，则：

（2）$\sum_0 \leftarrow (\varepsilon, \varepsilon, \varepsilon, 0^n)$，结束；

（3）把 $\sum_{i-1}$ 拆分成$(\mathrm{f_h}, \vec{\mu}_{i-1}, \vec{\alpha}_{i-1}, sig_{i-1}, e_{i-1}, h_{i-1,1}, h_{i-1,2}, h'_{i-1,1}, h'_{i-1,2})$，其中，$\mathrm{f_h}$ 为陷门函数，$h_{i-1,1}, h_{i-1,2}, h'_{i-1,1}, h'_{i-1,2}$ 是四个哈希值；

（4）如果 **CL-SAggVerify**（$\sum_{i-1}$）=（⊥，⊥），则结束；

（5）计算 $(\alpha_i, \beta_i) \leftarrow \mathrm{enc}_{\mathrm{f}_h}(\sigma_{i-1})$；

（6）设置 $\vec{\alpha}_i=\vec{\alpha}_{i-1} \mid \alpha_i$；

（7）计算

$$h_{i,1}=h_{i-1,1} \oplus H_{11}(\mathrm{f}_h, \vec{\mu}_i, \vec{\alpha}_{i-1}, sig_{i-1}),$$

$$h_{i,2}=h_{i-1,2} \oplus H_{12}(\mathrm{f}_h, \vec{\mu}_i, \vec{\alpha}_{i-1}, sig_{i-1}),$$

$$h'_{i,1}=h'_{i-1,1} \oplus H'_{11}(\mathrm{f}_h, \vec{\mu}_i, \vec{\alpha}_{i-1}, sig_{i-1}),$$

$$h'_{i,2}=h'_{i-1,2} \oplus H'_{12}(\mathrm{f}_h, \vec{\mu}_i, \vec{\alpha}_{i-1}, sig_{i-1});$$

（8）计算 $g_{i,1} \leftarrow G_{\mathrm{f}_h}(h_{i,1})$，$g_{i,2} \leftarrow G_{\mathrm{f}_h}(h_{i,2})$，$g'_{i,1} \leftarrow G_{\mathrm{f}_h}(h'_{i,1})$，$g'_{i,2} \leftarrow G_{\mathrm{f}_h}(h'_{i,2})$；

（9）计算

$$y_i=\begin{bmatrix} y_{i,1}=g_{i,1}+\beta_i \\ y_{i,2}=g_{i,2}+\beta_i \end{bmatrix},\ y'_i=\begin{bmatrix} y'_{i,1}=g'_{i,1}+\beta_i \\ y'_{i,2}=g'_{i,2}+\beta_i \end{bmatrix};$$

（10）计算

$$e_i=H_1\left(\begin{bmatrix} y_{i,1}+y_{i,2} * h \\ y'_{i,1}+y'_{i,2} * h \end{bmatrix}, \mu_i\right);$$

（11）计算：

$$sig_i=\begin{bmatrix} sig_{i,1} \\ sig'_{i,1} \end{bmatrix}=\begin{bmatrix} z_{i,1} \\ z_{i,2} \\ z'_{i,1} \\ z'_{i,2} \end{bmatrix}=\begin{bmatrix} s_{i,1} \\ s_{i,2} \\ s'_{i,1} \\ s'_{i,2} \end{bmatrix}*e_i+\begin{bmatrix} y_{i,1} \\ y_{i,2} \\ y'_{i,1} \\ y'_{i,2} \end{bmatrix};$$

（12）以概率 $\min\left(1,\ \frac{D_{\mathbb{Z}^n,\sigma}(\sigma_i)}{MD_{\mathbb{Z}^n,\sigma,s_ie_i}(\sigma_i)}\right)$ 输出 $\sum_i \leftarrow (\mathrm{f}_h,\ \vec{\mu}_i,\ \vec{\alpha}_i,\ sig_i,\ e_i,\ h_{i,1},\ h_{i,2},\ h'_{i,1},\ h'_{i,2})$。若没有输出，重复以上步骤。

CL-SAggVerify。输入 $\sum_k$，算法运行如下：

（1）将 $\sum_k$ 拆分成$(\mathrm{f}_h,\vec{\mu}_k,\vec{\alpha}_k,sig_k,e_k,h_{k,1},h_{k,2},h'_{k,1},h'_{k,2})$；

（2）对于 $i=k\rightarrow 1$，执行：

（3）如果$\log_2(R')\leqslant l$ 或者 $sig_{i,1}$，$sig'_{i,1}\notin R''^2$；

（4）返回（⊥，⊥），并结束；

（5）否则，计算 $g_{i,1}\leftarrow G_{\mathrm{f}_h}(h_{i,1})$，$g_{i2}\leftarrow G_{\mathrm{f}_h}(h_{i,2})$，$g'_{i,1}\leftarrow G_{\mathrm{f}_h}(h'_{i,1})$，$g'_{i,2}\leftarrow G_{\mathrm{f}_h}(h'_{i,2})$；

（6）计算 $\beta_i=\lceil \mathrm{f}_h(sig_{i,1})-H(id_i)*e_i-(g_{i,1}+g_{i,2}*h)\rceil/(1+h)$；

（7）计算 $sig_{i-1}\leftarrow \mathrm{dec}_{\mathrm{f}_h}(\alpha_i,\ \beta_i)$；

（8）计算

$$h_{i-1,1}=h_{i,1}\oplus H_{11}(\mathrm{f}_h,\ \vec{\mu}_i,\ \vec{\alpha}_{i-1},\ sig_{i-1}),$$

$$h_{i-1,2}=h_{i,2}\oplus H_{12}(\mathrm{f}_h,\ \vec{\mu}_i,\ \vec{\alpha}_{i-1},\ sig_{i-1}),$$

$$h'_{i-1,1}=h'_{i,1}\oplus H'_{11}(\mathrm{f}_h,\ \vec{\mu}_i,\ \vec{\alpha}_{i-1},\ sig_{i-1}),$$

$$h'_{i-1,2}=h'_{i,2}\oplus H'_{12}(\mathrm{f}_h,\ \vec{\mu}_i,\ \vec{\alpha}_{i-1},\ sig_{i-1});$$

（9）如果 $\sum_0=(\varepsilon,\ \varepsilon,\ \varepsilon,\ 0^n)$，那么：

（10）返回 $(\mathrm{f}_h,\ \vec{\mu}_k)$；

（11）否则，返回(⊥,⊥)。

定理 8.1 以上构造的 NTRU 格上的无证书有序聚合签名方案满足正确性。

证明：由签名阶段 **CL-SAggSign** 可知：

$$
\begin{bmatrix} f_h(sig_{i,1}) \\ f_h(sig'_{i,1}) \end{bmatrix} - \begin{bmatrix} H(id_i) \\ pk_i \end{bmatrix} * e_i
$$

$$
= \begin{bmatrix} z_{i,1}+z_{i,2} * h \\ z'_{i,1}+z'_{i,2} * h \end{bmatrix} - \begin{bmatrix} H(id_i) \\ pk_i \end{bmatrix} * e_i
$$

$$
= \begin{bmatrix} (y_{i,1}+s_{i,1} * e_i)+(y_{i,2}+s_{i,2} * e_i) * h \\ (y'_{i,1}+s'_{i,1} * e_i)+(y'_{i,2}+s'_{i,2} * e_i) * h \end{bmatrix} - \begin{bmatrix} H(id_i) \\ pk_i \end{bmatrix} * e_i
$$

$$
= \begin{bmatrix} y_{i,1} \\ y'_{i,1} \end{bmatrix} + \begin{bmatrix} s_{i,1} \\ s'_{i,1} \end{bmatrix} * e_i + \left[\begin{bmatrix} y_{i,2} \\ y'_{i,2} \end{bmatrix} + \begin{bmatrix} s_{i,2} \\ s'_{i,2} \end{bmatrix} * e_i \right] * h - \left[\begin{bmatrix} s_{i,1} \\ s'_{i,1} \end{bmatrix} + \begin{bmatrix} s_{i,2} \\ s'_{i,2} \end{bmatrix} * h \right] * e_i
$$

$$
= \begin{bmatrix} y_{i,1}+y_{i,2} * h \\ y'_{i,1}+y'_{i,2} * h \end{bmatrix} \tag{8-1}
$$

所以，以下等式成立：

$$
\begin{aligned}
&\beta_i+\beta_i * h \\
&=(y_{i,1}-g_{i,1})+(y_{i,2}-g_{i,2}) * h \\
&=(y_{i,1}+y_{i,2} * h)-(g_{i,1}+g_{i,2} * h) \\
&=\beta_i(1+h)
\end{aligned} \tag{8-2}
$$

故而，$\beta_i = [f_h(sig_{i,1})-H(id_i) * e_i-(g_{i,1}+g_{i,2} * h)]/(1+h)$ 也必然成立。因而，**CL-SAggVerify** 验证能顺利进行，也就是说签名满足正确性。

8.2.2 安全性分析

定理 8.2 假定 NTRU 格上的 SIS 问题在多项式时间算法攻击下是困难的，则以上 NTRU 格上的无证书有序聚合签名方案在随机预言机模型下是存在性不可伪造的。

引理 8.1 如果 NTRU 格 $\Lambda_{h,q}$ 上的（q，2，$(4\sigma+2\lambda s)\sqrt{2n}$）-SIS 问题是困难的，则新的无证书签名方案在类型 1（**Type1**）的敌手攻击下是存在性不可伪造的。

证明：假定存在一个多项式时间的敌手 $\mathcal{A}_1$ 能够以不可忽略的概率攻破以上无证书有序聚合签名方案，那么我们可以构造一个模拟器 C 能够求解 NTRU 格上的 SIS 问题。

调用：调用 NTRU 格 $\Lambda_{h,q}$ 上的（q，2，β）-SIS 问题实例，模拟器 C

需要返还一个合法的解。

已知：多项式 $h \in R_q^{\times}$，NTRU 格 $\Lambda_{h,q}$ 和实数 β。

返回：$(s_1, s_2) \in \Lambda_{h,q}$满足 $\|(s_1, s_2)\| \leqslant \beta$。

假设以下条件满足：①同样的输入仅被允许做访问一次询问。②伪造者在对 $Q_k = (f_h, \vec{\mu}_k, \vec{\alpha}_{k-1}, sig_{k-1})$ 对 H_{11}-Oracle，H_{12}-Oracle，H'_{11}-Oracle and H'_{12}-Oracle 做询问之前，已经完成了对身份 id_i 的 H-Oracle 询问，对 $h_{i,1}, h_{i,1}, h'_{i,1}, h'_{i,2}$ 的 G_{f_h}-Oracle 的询问，以及对 Q_i 的 H_{11}-Oracle，H_{12}-Oracle，H'_{11}-Oracle and H'_{12}-Oracle 询问，其中 $1 \leqslant i < k$。③在对 $(\sum_{i-1}, m_i, sk_i)$ 做 CL-SAggSign-Oracle 询问之前，签名伪造者已经完成了相应的 G_{f_h}-Oracle，以及 H_{11}-Oracle，H_{12}-Oracle，H'_{11}-Oracle and H'_{12}-Oracle 询问，并且 **CL-SAggVerify** $(\sum_{i-1}) = 1$ 成立。

询问：敌手 $\mathcal{A}_1$ 可以适应性地做以下询问。

（1）H-Oracle query。模拟者 C 维持一个列表 $L_H = \{id_i, d_i = (s_{i,1}, s_{i,2}), s_{i,1} + s_{i,2} * h\}$。输入身份 $id_i \in \{0, 1\}^*$，C 首先在列表 L_H 中查找身份 id_i。若 id_i 已存在于 L_H 中，则模拟者 C 返还相应的 $s_{i,1} + s_{i,2} * h$ 给敌手 $\mathcal{A}_1$。否则，C 从 D_s^n 中选择两个多项式 $s_{i,1}$，$s_{i,2}$ 并存储 $\{id_i, d_i = (s_{i,1}, s_{i,2}), s_{i,1} + s_{i,2} * h\}$ 在列表 L_H 中。最后，模拟者 C 返还相应的 $s_{i,1} + s_{i,2} * h$ 给敌手 $\mathcal{A}_1$。

（2）Creat-User-Oracle query。模拟者 C 维持一个列表 $L_C = \{id_i, d_i = (s_{i,1}, s_{i,2}), pk_i, s_i = (s'_{i,1}, s'_{i,2}), sk_i\}$。输入身份 id_i，模拟者 C 执行以下操作。若 id_i 已存在于列表 L_C 中，则模拟者 C 返还相应的 pk_i 给敌手 $\mathcal{A}_1$。否则，C 从列表 L_H 中求得 id_i 和 $d_i = (s_{i,1}, s_{i,2})$。随后，C 运行 **Set-Secret-Value**，**Set-Public-Key** 以及 **Set-Private-Key** 算法分别生成 $s_i = (s'_{i,1}, s'_{i,2})$，$pk_i = s'_{i,1} + s'_{i,2} * h$ 以及 $sk_i = (d_i, s_i)$。最后，C 存储 $\{id_i, d_i = (s_{i,1}, s_{i,2}), pk_i, s_i = (s'_{i,1}, s'_{i,2}), sk_i\}$ 在列表 L_C 中并返还相应的 pk_i 给敌手 $\mathcal{A}_1$。

（3）Extract-Partial-Private-Key-Oracle query。输入身份 id_i，模拟者 C 在 L_C 列表中查找 id_i 并返还相应的 s_i 给敌手 $\mathcal{A}_1$。

（4）Replace-Public-Key-Oracle query。输入身份 id_i 和一个新的公钥 pk'_i，模拟者 C 在 L_C 列表中查找 id_i 并将当前的公钥替换为 pk'_i。最后，模拟者 C 记录此次替换。

（5）H_{11}-Oracle query。模拟者 C 维持一个列表为 $L_{H_{11}} = \{Q_i, h_{i,1}\}$。输

入 $Q_i=(\mathrm{f}_h, \vec{\mu}_i, \vec{\alpha}_{i-1}, sig_{i-1})$，模拟者 C 在 $L_{H_{11}}$ 列表中查找相应的 $h_{i,1}$。若 Q_i 已存在于列表中，C 返回相应的 $h_{i,1}$ 给敌手。否则，C 随机选择 $h_{i,1}\in\{0, 1\}^l$ 并将其存储在 $L_{H_{11}}$ 列表中。最后，C 返回相应的 $h_{i,1}$ 给敌手 $\mathcal{A}_1$。

（6）H_{12}-Oracle query。模拟者 C 维持一个列表为 $L_{H_{12}}=\{Q_i, h_{i,2}\}$。输入 $Q_i=(\mathrm{f}_h, \vec{\mu}_i, \vec{\alpha}_{i-1}, sig_{i-1})$，模拟者 C 在 $L_{H_{12}}$ 列表中查找相应的 $h_{i,2}$。若 Q_i 已存在于列表中，C 返回相应的 $h_{i,2}$ 给敌手。否则，C 随机选择 $h_{i,2}\in\{0, 1\}^l$ 并将其存储在 $L_{H_{12}}$ 列表中。最后，C 返回相应的 $h_{i,2}$ 给敌手 $\mathcal{A}_1$。

（7）H'_{11}-Oracle query。模拟者 C 维持一个列表为 $L_{H'_{11}}=\{Q_i, h'_{i,1}\}$。输入 $Q_i=(\mathrm{f}_h, \vec{\mu}_i, \vec{\alpha}_{i-1}, sig_{i-1})$，模拟者 C 在 $L_{H'_{11}}$ 列表中查找相应的 $h'_{i,1}$。若 Q_i 已存在于列表中，C 返回相应的 $h'_{i,1}$ 给敌手。否则，C 随机选择 $h'_{i,1}\in\{0, 1\}^l$ 并将其存储在 $L_{H'_{11}}$ 列表中。最后，C 返回相应的 $h'_{i,1}$ 给敌手 $\mathcal{A}_1$。

（8）H'_{12}-Oracle query。模拟者 C 维持一个列表为 $L_{H'_{12}}=\{Q_i, h'_{i,2}\}$。输入 $Q_i=(\mathrm{f}_h, \vec{\mu}_i, \vec{\alpha}_{i-1}, sig_{i-1})$，模拟者 C 在 $L_{H'_{12}}$ 列表中查找相应的 $h'_{i,2}$。若 Q_i 已存在于列表中，C 返回相应的 $h'_{i,2}$ 给敌手。否则，C 随机选择 $h'_{i,2}\in\{0, 1\}^l$ 并将其存储在 $L_{H'_{12}}$ 列表中。最后，C 返回相应的 $h'_{i,2}$ 给敌手 $\mathcal{A}_1$。

（9）G_{f_h}-Oracle query。模拟者 C 维持一个列表为 $L_G=\{h_{i,j}, g_{i,j}\text{ or }h'_{i,j}, g'_{i,j}\}$。输入 $h_{i,j}$（或者 $h'_{i,j}$），模拟者 C 在 L_G 列表中查找相应的 $g_{i,j}$（或者 $g'_{i,j}$）。若 $h_{i,j}$（或者 $h'_{i,j}$）已存在于列表中，C 返回相应的 $g_{i,j}$（或者 $g'_{i,j}$）给敌手 $\mathcal{A}_1$。否则，C 随机选择 $g_{i,j}$ 或者 $g'_{i,j}\in R'$ 并将其存储在 $L_{H'_{12}}$ 列表中。最后，C 返回相应的 $g_{i,j}$（或者 $g'_{i,j}$）给敌手 $\mathcal{A}_1$。

（10）H_1-Oracle query。模拟者 C 维持一个列表为 $L_{H_1}=\left\{\begin{bmatrix} y_{i,1}+y_{i,2}*h \\ y'_{i,1}+y'_{i,2}*h \end{bmatrix}, \mu_i, e_i\right\}$。输入 $\begin{bmatrix} y_{i,1}+y_{i,2}*h \\ y'_{i,1}+y'_{i,2}*h \end{bmatrix}$ 和 μ_i，模拟者 C 首先在列表 L_{H_1} 中查找相应的 e_i。若 $\begin{bmatrix} y_{i,1}+y_{i,2}*h \\ y'_{i,1}+y'_{i,2}*h \end{bmatrix}$ 和 μ_i 已存在于列表中，则将其相应的 e_i 返回给敌手 $\mathcal{A}_1$。否则，C 随机选择 $e_i\in D_{H_1}$ 并将 $\left(\begin{bmatrix} y_{i,1}+y_{i,2}*h \\ y'_{i,1}+y'_{i,2}*h \end{bmatrix}, \mu_i, e_i\right)$ 存储在 L_{H_1} 列表中。最后，C 返回相应的 e_i 给敌手 $\mathcal{A}_1$。

（11）CL-SAggSign-Oracle query。输入消息 μ_i，身份 id_i 和 $\sum_{i-1}$，模拟

者 C 首先在 L_H 列表中求得 d_i，然后运行 **CL-SAggSign** 签名算法求得签名 $\sum_i$。注意，如果 pk_i 是用户的当前公钥（也就意味着公钥 pk_i 还未被替换)，则 $s_i=\perp$。在这种情况下，签名算法能输出一个合法签名。

伪造：最后，敌手 $\mathcal{A}_1$ 以不可忽略的概率输出一个合法伪造签名 $\sum'_k=(\mathrm{f}_h, \vec{m}_k, \vec{\alpha}_k, \sigma_k)$。执行验证算法 **CL-AggVerify**$\left(\sum'_i\right)$的过程中用到了 id'_i，μ'_i，sig'_i 以及 e'_i，其中，id'_i 未被执行 Creat-User-Oracle 询问和 Extract-Partial-Private-Key-Oracle 询问，μ'_i 未被执行 CL-SAggSign-Oracle 询问。

则模拟者 C 能以以下方式求解 NTRU 格上的 SIS 问题。

接收到关于$\left(\mu_i, \sum'_{i-1}\right)$的伪造签名（$sig'_i$，$e'_i$）后，模拟者 C 运用文献［75］中的伪造引理输出对$\left(\mu_i, \sum'_{i-1}\right)$的另一伪造签名（$sig_i^*$，$e_i^*$）。所以有以下等式成立，$\begin{bmatrix} z_{i,1}^*+z_{i,2}^* * h \\ z'^*_{i,1}+z'^*_2 * h \end{bmatrix}-\begin{bmatrix} s_{i,1}^*+s_{i,2}^* * h \\ s'^*_{i,1}+s'^*_{i,2} * h \end{bmatrix} * e_i^* = \begin{bmatrix} z'_{i,1}+z'_{i,2} * h \\ z''_{i,1}+z''_{i,2} * h \end{bmatrix}-\begin{bmatrix} s'_{i,1}+s'_{i,2} * h \\ s''_{i,1}+s''_{i,2} * h \end{bmatrix} * e'_i$。

故而$\begin{bmatrix} (z_{i,1}^*-z'_{i,1})+(z_{i,2}^*-z'_{i,2}) * h \\ (z'^*_{i,1}-z''_{i,1})+(z'^*_{i,2}-z''_{i,2}) * h \end{bmatrix}=\begin{bmatrix} s_{i,1}^*+s_{i,2}^* * h \\ s'^*_{i,1}+s'^*_{i,2} * h \end{bmatrix} *（e_i^*-e'_i)$必然成立。然后等式$[(z_{i,1}^*-z'_{i,1})-s_{i,1}^* * (e_i^*-e'_i)]+[(z_{i,2}^*-z'_{i,2})+s_{i,2}^*(e_i^*-e'_i)] * h=0$也必然成立。由于不等式 $\| z_{i,1}^* \| \leqslant 2\sigma\sqrt{n}$，$\| z'_{i,1} \| \leqslant 2\sigma\sqrt{n}$，$\| z_{i,2}^* \| \leqslant 2\sigma\sqrt{n}$，$\| z'_{i,2} \| \leqslant 2\sigma\sqrt{n}$成立，故而有不等式 $\| (z_{i,1}^*-z'_{i,1})-s_{i,1}^* * (e_i^*-e'_i) \| \leqslant \| z_{i,1}^* \| + \| z'_{i,1} \| + \| s_{i,1}^* \| \cdot \| e_i^*-e'_i \| \leqslant (4\sigma+2\lambda s)\sqrt{n}$成立，并且 $\| (z_{i,2}^*-z'_{i,2})+s_{i,2}^*(e_i^*-e'_i) \| \leqslant \| z_{i,2}^* \| + \| z'_{i,2} \| + \| s_{i,2}^* \| \cdot \| e_i^*-e'_i \| \leqslant (4\sigma+2\lambda s)\sqrt{n}$也成立。

故而$([(z_{i,1}^*-z'_{i,1})-s_{i,1}^* * (e_i^*-e'_i)], [(z_{i,2}^*-z'_{i,2})+s_{i,2}^*(e_i^*-e'_i)])$为以上 NTRU 格上的 SIS 问题的解，其中 $\beta \geqslant (4\sigma+2\lambda s)\sqrt{2n}$。

引理 8.2　如果 NTRU 格 $\Lambda_{h,q}$ 上的（q，2，$(4\sigma+2\lambda s)\sqrt{2n}$）-SIS 问题是困难的，则新的无证书有序聚合签名方案在类型 2（**Type2**）的敌手攻击下是存在性不可伪造的。

证明：假定存在一个多项式时间的敌手 $\mathcal{A}_2$ 能够以不可忽略的概率攻破以上无证书有序聚合签名方案，那么我们可以构造一个模拟器 C 能够求解

NTRU 格上的 SIS 问题。

调用：调用 NTRU 格 $\Lambda_{h,q}$ 上的（q，2，β）-SIS 问题实例，模拟器 C 需要返还一个合法的解。

已知：多项式 $h \in R_q^{\times}$，NTRU 格 $\Lambda_{h,q}$ 和实数 β。

返回：$(s_1, s_2) \in \Lambda_{h,q}$ 满足 $\|(s_1, s_2)\| \leqslant \beta$。

假设以下条件满足：①同样的输入仅被允许做访问一次询问；②伪造者在对 $Q_k = (\mathrm{f}_h, \vec{\mu}_k, \vec{\alpha}_{k-1}, sig_{k-1})$ 对 H_{11}-Oracle, H_{12}-Oracle, H'_{11}-Oracle and H'_{12}-Oracle 做询问之前，已经完成了对身份 id_i 的 H-Oracle 询问，对 $h_{i,1}, h_{i,2}, h'_{i,1}, h'_{i,2}$ 的 G_{f_h}-Oracle 的询问，以及对 Q_i 的 H_{11}-Oracle, H_{12}-Oracle, H'_{11}-Oracle and H'_{12}-Oracle 询问，其中 $1 \leqslant i < k$；③在对 $\left(\sum_{i-1}, m_i, sk_i\right)$ 做 CL-SAggSign-Oracle 询问之前，签名伪造者已经完成了相应的 G_{f_h}-Oracle，以及 H_{11}-Oracle, H_{12}-Oracle, H'_{11}-Oracle and H'_{12}-Oracle 询问，并且有 **CL-SAggVerify** $\left(\sum_{i-1}\right) = 1$ 成立。

询问：敌手 $\mathcal{A}_1$ 可以适应性地做以下询问。

（1）Creat-User-Oracle query。模拟者 C 维持一个列表 $L_C = \{id_i, d_i = (s_{i,1}, s_{i,2}), pk_i, s_i = (s'_{i,1}, s'_{i,2}), sk_i\}$。输入身份 id_i，模拟者 C 执行以下操作。若 id_i 已存在于列表 L_C 中，则模拟者 C 返还相应的 pk_i 给敌手 $\mathcal{A}_2$。否则，由于知晓主私钥，C 运行 **Extract-Partial-Privatee-Key** 算法求得 $d_i = (s_{i,1}, s_{i,2})$。随后，C 运行 **Set-Secret-Value**，**Set-Public-Key** 以及 **Set-Private-Key** 算法分别生成 $s_i = (s'_{i,1}, s'_{i,2})$，$pk_i = s'_{i,1} + s'_{i,2} * h$ 以及 $sk_i = (d_i, s_i)$。最后，C 存储 $\{id_i, d_i = (s_{i,1}, s_{i,2}), pk_i, s_i = (s'_{i,1}, s'_{i,2}), sk_i\}$ 在列表 L_C 中并返还相应的 pk_i 给敌手 $\mathcal{A}_2$。

（2）H-Oracle query。模拟者 C 维持一个列表 $L_H = \{id_i, d_i = (s_{i,1}, s_{i,2}), s_{i,1} + s_{i,2} * h\}$。输入身份 $id_i \in \{0, 1\}^*$，C 首先在列表 L_H 中查找身份 id_i。若 id_i 已存在于 L_H 中，则模拟者 C 返还相应的 $s_{i,1} + s_{i,2} * h$ 给敌手 $\mathcal{A}_2$。否则，C 从 L_C 中查找到 id_i 并存储 $\{id_i, d_i = (s_{i,1}, s_{i,2}), s_{i,1} + s_{i,2} * h\}$ 在列表 L_H 中。最后，模拟者 C 返还相应的 $s_{i,1} + s_{i,2} * h$ 给敌手 $\mathcal{A}_2$。

（3）Extract-Partial-Private-Key-Oracle query。输入身份 id_i，模拟者 C 在 L_C 列表中查找 id_i 并返还相应的 s_i 给敌手 $\mathcal{A}_2$。

（4）Replace-Public-Key-Oracle query。输入身份 id_i 和一个新的公钥 pk'_i，模拟者 C 在 L_C 列表中查找 id_i 并将当前的公钥替换为 pk'_i。最后，模拟

者 C 记录此次替换。

（5）H_{11}-Oracle query。模拟者 C 维持一个列表为 $L_{H_{11}}=\{Q_i, h_{i,1}\}$。输入 $Q_i=(\mathrm{f}_h, \vec{\mu}_i, \vec{\alpha}_{i-1}, sig_{i-1})$，模拟者 C 在 $L_{H_{11}}$ 列表中查找相应的 $h_{i,1}$。若 Q_i 已存在于列表中，C 返回相应的 $h_{i,1}$ 给敌手。否则，C 随机选择 $h_{i,1}\in\{0, 1\}^l$ 并将其存储在 $L_{H_{11}}$ 列表中。最后，C 返回相应的 $h_{i,1}$ 给敌手 $\mathcal{A}_2$。

（6）H_{12}-Oracle query。模拟者 C 维持一个列表为 $L_{H_{12}}=\{Q_i, h_{i,2}\}$。输入 $Q_i=(\mathrm{f}_h, \vec{\mu}_i, \vec{\alpha}_{i-1}, sig_{i-1})$，模拟者 C 在 $L_{H_{12}}$ 列表中查找相应的 $h_{i,2}$。若 Q_i 已存在于列表中，C 返回相应的 $h_{i,2}$ 给敌手。否则，C 随机选择 $h_{i,2}\in\{0, 1\}^l$ 并将其存储在 $L_{H_{12}}$ 列表中。最后，C 返回相应的 $h_{i,2}$ 给敌手 $\mathcal{A}_2$。

（7）H'_{11}-Oracle query。模拟者 C 维持一个列表为 $L_{H'_{11}}=\{Q_i,h'_{i,1}\}$。输入 $Q_i=(\mathrm{f}_h,\vec{\mu}_i,\vec{\alpha}_{i-1},sig_{i-1})$，模拟者 C 在 $L_{H'_{11}}$ 列表中查找相应的 $h'_{i,1}$。若 Q_i 已存在于列表中，C 返回相应的 $h'_{i,1}$ 给敌手。否则，C 随机选择 $h'_{i,1}\in\{0, 1\}^l$ 并将其存储在 $L_{H'_{11}}$ 列表中。最后，C 返回相应的 $h'_{i,1}$ 给敌手 $\mathcal{A}_2$。

（8）H'_{12}-Oracle query。模拟者 C 维持一个列表为 $L_{H'_{12}}=\{Q_i,h'_{i,2}\}$。输入 $Q_i=(\mathrm{f}_h,\vec{\mu}_i,\vec{\alpha}_{i-1},sig_{i-1})$，模拟者 C 在 $L_{H'_{12}}$ 列表中查找相应的 $h'_{i,2}$。若 Q_i 已存在于列表中，C 返回相应的 $h'_{i,2}$ 给敌手。否则，C 随机选择 $h'_{i,2}\in\{0,1\}^l$ 并将其存储在 $L_{H'_{12}}$ 列表中。最后，C 返回相应的 $h'_{i,2}$ 给敌手 $\mathcal{A}_2$。

（9）G_{f_h}-Oracle query。模拟者 C 维持一个列表为 $L_G=\{h_{i,j},g_{i,j}$ or $h'_{i,j}, g'_{i,j}\}$。输入 $h_{i,j}$（或者 $h'_{i,j}$），模拟者 C 在 L_G 列表中查找相应的 $g_{i,j}$（或者 $g'_{i,j}$）。若 $h_{i,j}$（或者 $h'_{i,j}$）已存在于列表中，C 返回相应的 $g_{i,j}$（或者 $g'_{i,j}$）给敌手 $\mathcal{A}_2$。否则，C 随机选择 $g_{i,j}$ 或者 $g'_{i,j}\in R'$ 并将其存储在 $L_{H'_{12}}$ 列表中。最后，C 返回相应的 $g_{i,j}$（或者 $g'_{i,j}$）给敌手 $\mathcal{A}_2$。

（10）H_1-Oracle query。模拟者 C 维持一个列表为 $L_{H_1}=\left\{\begin{bmatrix} y_{i,1}+y_{i,2}*h \\ y'_{i,1}+y'_{i,2}*h \end{bmatrix},\mu_i,e_i\right\}$。输入 $\begin{bmatrix} y_{i,1}+y_{i,2}*h \\ y'_{i,1}+y'_{i,2}*h \end{bmatrix}$ 和 μ_i，模拟者 C 首先在列表 L_{H_1} 中查找相应的 e_i。若 $\begin{bmatrix} y_{i,1}+y_{i,2}*h \\ y'_{i,1}+y'_{i,2}*h \end{bmatrix}$ 和 μ_i 已存在于列表中，则将其相应的 e_i 返回给敌手 $\mathcal{A}_2$。否则，C 随机选择 $e_i\in D_{H_1}$ 并将（$\begin{bmatrix} y_{i,1}+y_{i,2}*h \\ y'_{i,1}+y'_{i,2}*h \end{bmatrix},\mu_i,e_i$）存储在 L_{H_1} 列表中。最后，C 返回相应的 e_i 给敌手 $\mathcal{A}_2$。

(11) CL-SAggSign-Oracle query。输入消息 μ_i，身份 id_i 和 $\sum_{i-1}$，模拟者 C 首先在 L_H 列表中求得 d_i，然后运行 **CL-SAggSign** 签名算法求得签名 $\sum_i$。注意，如果 pk_i 是用户的当前公钥（也就意味着公钥 pk_i 还未被替换），则 $s_i=\perp$。在这种情况下，签名算法能输出一个合法签名。

伪造：最后，敌手 $\mathcal{A}_2$ 以不可忽略的概率输出一个合法伪造签名 $\sum'_k=(\mathrm{f}_h,\ \vec{m}_k,\ \vec{\alpha}_k,\ \sigma_k)$。执行验证算法 **CL-AggVerify**$\left(\sum'_i\right)$ 的过程中用到了 id'_i，μ'_i，sig'_i 以及 e'_i，其中，id'_i 未被执行 Creat-User-Oracle 询问和 Extract-Partial-Private-Key-Oracle 询问，μ'_i 未被执行 CL-SAggSign-Oracle 询问。

则模拟者 C 能以以下方式求解 NTRU 格上的 SIS 问题。

接收到关于$\left(\mu_i,\ \sum'_{i-1}\right)$的伪造签名（$sig'_i$，$e'_i$）后，模拟者 C 运用文献［75］中的伪造引理输出对$\left(\mu_i,\ \sum'_{i-1}\right)$的另一伪造签名（$sig_i^*$，$e_i^*$）。所以有以下等式成立：$\begin{bmatrix} z_{i,1}^*+z_{i,2}^* * h \\ z'^*_{i,1}+z'^*_2 * h \end{bmatrix}-\begin{bmatrix} s_{i,1}^*+s_{i,2}^* * h \\ s'^*_{i,1}+s'^*_{i,2} * h \end{bmatrix} * e_i^*=\begin{bmatrix} z'_{i,1}+z'_{i,2} * h \\ z''_{i,1}+z''_{i,2} * h \end{bmatrix}-\begin{bmatrix} s'_{i,1}+s'_{i,2} * h \\ s''_{i,1}+s''_{i,2} * h \end{bmatrix} * e'_i$。

故而$\begin{bmatrix} (z_{i,1}^*-z'_{i,1})+(z_{i,2}^*-z'_{i,2}) * h \\ (z'^*_{i,1}-z''_{i,1})+(z'^*_{i,2}-z''_{i,2}) * h \end{bmatrix}=\begin{bmatrix} s_{i,1}^*+s_{i,2}^* * h \\ s'^*_{i,1}+s'^*_{i,2} * h \end{bmatrix} * (e_i^*-e'_i)$ 必然成立。然后等式$[(z_{i,1}^*-z'_{i,1})-s_{i,1}^* * (e_i^*-e'_i)]+[(z_{i,2}^*-z'_{i,2})+s_{i,2}^*(e_i^*-e'_i)] * h=0$ 也必然成立。由于不等式 $\|z_{i,1}^*\|\leqslant 2\sigma\sqrt{n}$，$\|z'_{i,1}\|\leqslant 2\sigma\sqrt{n}$，$\|z_{i,2}^*\|\leqslant 2\sigma\sqrt{n}$，$\|z'_{i,2}\|\leqslant 2\sigma\sqrt{n}$ 成立，故而不等式 $\|(z_{i,1}^*-z'_{i,1})-s_{i,1}^* * (e_i^*-e'_i)\|\leqslant\|z_{i,1}^*\|+\|z'_{i,1}\|+\|s_{i,1}^*\|\cdot\|e_i^*-e'_i\|\leqslant(4\sigma+2\lambda s)\sqrt{n}$ 成立，并且 $\|(z_{i,2}^*-z'_{i,2})+s_{i,2}^*(e_i^*-e'_i)\|\leqslant\|z_{i,2}^*\|+\|z'_{i,2}\|+\|s_{i,2}^*\|\cdot\|e_i^*-e'_i\|\leqslant(4\sigma+2\lambda s)\sqrt{n}$ 也成立。

故而$([(z_{i,1}^*-z'_{i,1})-s_{i,1}^* * (e_i^*-e'_i)],[(z_{i,2}^*-z'_{i,2})+s_{i,2}^*(e_i^*-e'_i)])$为以上 NTRU 格上的 SIS 问题的解，其中 $\beta\geqslant(4\sigma+2\lambda s)\sqrt{2n}$。

结合引理 8.1 和引理 8.2，我们求得定理 8.2。

8.2.3 效率比较

作者在本书第 6 章已经基于 NTRU 格提出了一个无证书聚合签名方案，现从签名者数量以及签名尺寸两个方面比较这两个格上无证书签名方案的效率（见表 8-1）。

表 8-1 两个 NTRU 格上无证书签名方案的效率比较

方案	签名者数量	签名尺寸
6.2.1 中方案	1	$4n\log(2\sigma)+\lambda$
8.2.1 中方案	k	$4n\log(2\sigma)+nk(4n\log 2\sigma-\log q)+\lambda+4l$

由表 8-1 可知，本节方案的压缩率 $rate(k)$ 满足：

$$rate(k)=1-\frac{4n\log(2\sigma)+nk(4\log 2\sigma-\log q)+\lambda+4l}{k(4n\log 2\sigma+\lambda)}$$

$$\geqslant 1-(\frac{1}{k}+\frac{4n(\log 2\sigma+\lambda-\log q^{1/4})+4l/k}{4n\log 2\sigma+\lambda})$$

$$\geqslant 1-\left(\frac{1}{k}+\frac{o(\log q)}{o(\log q+\log(q^{1/4}))}\right)$$

对于 $q=n^{2c}, rate(k)\approx 1-1/k-1/c$。当 c 足够大时，签名方案近似最优，也就是说，该聚合签名的尺寸大约为 k 个签名人单独签名尺寸总和的 $1/k$。

8.3 基于证书的有序聚合签名的定义及安全性模型

8.3.1 基于证书的有序聚合签名方案的定义

定义 8.3（基于证书的有序聚合签名方案） 一个基于证书的有序聚合签名方案由以下 5 个多项式时间算法构成，系统生成算法（**Setup**），设置用户私钥（**Set-User-Key**），证书提取（**Extract-Certificate**），证书签名算法（**CB-SAggSign**）和证书签名验证算法（**CB-SAggVerify**）。

Setup：输入安全参数 n，KGC 运行该算法输出系统主公钥/主私钥（MPK，MSK）。

Set-User-Key：给定系统主私钥 MSK 以及身份 id_i，KGC 运行该算法输出身份为 id_i 的用户私钥 sk_i 和公钥 pk_i。

Extract-Certificate：该算法由各个用户独自运行。输入用户的身份 id_i 以及该用户的公钥 pk_i，算法输出该用户的名义证书 c_i。

CB - SAggSign：输入（sig_{i-1}，$\vec{pk}_{i-1}$，MPK，$\vec{\mu}_{i-1}$，$\vec{id}_{i-1}$，$\vec{sig}_{i-1}$，μ_i，id_i），其中，当前签名者身份 id_i，当前消息为 μ_i，$\vec{\mu}_{i-1}$ 表示之前消息的集合，同理，$\vec{id}_{i-1}$ 表示之前签名者身份的集合，$\vec{pk}_{i-1}$ 表示之前公钥的集合，$\vec{sig}_{i-1}$ 表示之前签名的集合；sig_{i-1} 表示用户 U_{i-1} 的聚合签名。用户 U_i 首先验证算法 **CL-SAggSign**（sig_{i-1}，$\vec{pk}_{i-1}$，MPK，$\vec{\mu}_{i-1}$，$\vec{id}_{i-1}$，$\vec{sig}_{i-1}$）输出是否为“1”，若满足，用户 U_i 利用其私钥 sk_i 以及用户证书 c_i，继续计算聚合签名 sig_i。最后用户 U_i 将 sig_i，μ_i，id_i，pk_i 添加至相应的集合中。

CB-SAggVerify：输入(sig_i,$\vec{pk}_i$,MPK,$\vec{\mu}_i$,$\vec{id}_i$,$\vec{sig}_i$)，该算法输出“1”当且仅当 $\vec{sig}_i$ 为用户名 U_i 对消息集合 $\vec{\mu}_i$ 的合法签名。否则，输出“0”。

定义 8.4（正确性）　令（MPK，MSK）←**Setup**（n），对任意的身份 id 有（sk_{id}，pk_i）←**Set-User-Key**（MSK，id_i），c_i←**Extract-Certificate**（id_i，sk_i，pk_i），sig←**CB - SAggSign**（sig_{i-1}，$\vec{pk}_{i-1}$，MPK，$\vec{\mu}_{i-1}$，$\vec{id}_{i-1}$，$\vec{sig}_{i-1}$，μ_i，id_i），若对于任意的消息 μ_i，验证算法 **CB-Verify**（sig_i，$\vec{pk}_i$，MPK，$\vec{\mu}_i$，$\vec{id}_i$，$\vec{sig}_i$）以压倒势的概率输出“1”，我们称该基于证书的签名算法满足正确性。

8.3.2　基于证书的有序聚合签名方案的安全性模型

定义 8.5（不可伪造性）　考虑基于证书的签名方案的不可伪造性时，与无证书的签名方案相似，也有以下两种安全性威胁要考虑，当方案能够抵抗以下两种攻击时我们称该方案是不可伪造的。

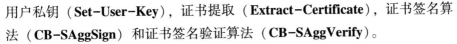

Type 1：外部用户攻击，即 $\mathcal{A}_1$。在这一类攻击中敌手 $\mathcal{A}_1$ 可以用自己选择的值来替换任何用户的公钥。

Type 2：内部 KGC 攻击，即 $\mathcal{A}_2$。在这一类攻击中 $\mathcal{A}_2$是一个恶意的 KGC，知晓主私钥，因而能够得到任何用户的部分密钥。

但是，我们同样要求第一类敌手只能替换用户公钥不能获得主私钥，而第二类敌手只能得到主私钥而不能替换任意用户的公钥。

无证书签名方案的安全模型根据两类敌手可分为两个游戏即 Game1 和 Game2，且 Game1 和 Game2 运行与定义 6. 2 中相似，故不再列出。

8. 4　NTRU 格上基于证书的有序聚合签名方案

8. 4. 1　方案描述

令素数 $q=\widetilde{\Omega}(\beta\sqrt{n})\geqslant 2$，$n$ 为安全参数，k，l，λ 为正整数，高斯参数 $s=\Omega((q/n)\sqrt{\ln(8nq)})$，$\sigma=12s\lambda n$ 以及哈希函数 $H:\{0,1\}^*\rightarrow\{\boldsymbol{v}\in\mathbb{Z}_q^n\}$，$H_1:\mathbb{Z}_q^{2n}\times\{0,1\}^*\rightarrow D_{H_1}=\{\boldsymbol{v}:\boldsymbol{v}\in\mathbb{Z}_q^n,0\leqslant\|\boldsymbol{v}\|_1\leqslant\lambda,\lambda<<q\}$，$H_{11}$，$H_{12}$，$H'_{11}$，$H'_{12}:\{0,1\}^*\rightarrow\{0,1\}^l$，函数 f_h：$R''^2\rightarrow R_q$，G_{f_h}：$\{0,1\}^l\rightarrow R'$ 以及 enc：$\{0,1\}^*\rightarrow\{0,1\}^*\times R'$。其中，$k$ 表示签名人的数量，$log_2(\mathrm{R}')>\mathrm{l}$，$R'=\{v\in R_q,\ \|v\|\leqslant\sigma\sqrt{n}/2\}$，$l\leqslant n$，$R''=\{v\in R_q,\ \|v\|\leqslant\sigma\sqrt{n}\}$。那么 NTRU 格上的无证书签名方案描述如下。

Setup：输入安全参数 n，私钥生成中心 KGC 运行 NTRU 格上的陷门生成算法生成一个多项式 $h\in R_q^\times$ 和一个陷门基 $\boldsymbol{B}=\begin{bmatrix}\boldsymbol{C}(f),\boldsymbol{C}(g)\\\boldsymbol{C}(F),\boldsymbol{C}(G)\end{bmatrix}\in\mathbb{Z}_q^{2n\times2n}=R_q^{2\times2}$，分别作为该方案的主公钥 MPK 和主私钥 MSK。其中 $\boldsymbol{B}$ 是 NTRU 格 $\Lambda_{h,q}$ 的陷门基。

Extract-Certificate：输入主私钥 MSK 和身份 id_i，私钥生成中心首先计算 $H(id_i)$，并运行 NTRU 格上的原像采样算法 SamplePre$(\boldsymbol{B},s,(H(id_i),0))$

生成证书（$s_{i,1}$，$s_{i,2}$）。随后，私钥生成中心将证书（$s_{i,1}$，$s_{i,2}$）发送给身份为 id_i 的用户。用户接收到$(s_{i,1},s_{i,2})$后，首先验证 $\|(s_{i,1},s_{i,2})\|\leqslant s\sqrt{2n}$，$s_{i,1}+s_{i,2}*h=H(id_i)$是否成立。若成立，用户将$(s_{i,1},s_{i,2})$定义为 c_i。否则，抛弃。

Set-User-Key：输入 id_i，用户 U_i 选择 $s'_{i,1}$，$s'_{i,2}\in D_s^n$，设置 $sk_i=(s'_{i,1},\ s'_{i,2})$ 并计算公钥 $pk_i=s'_{i,1}+s'_{i,2}*h$。

CB-SAggSign：输入消息 μ_i，身份 id_i，证书 c_i 和私钥 sk_i 以及 $\sum_{i-1}$，签名算法执行如下：

（1）如果 $i=1$，则：

（2）$\sum_0\leftarrow(\varepsilon,\ \varepsilon,\ \varepsilon,\ 0^n)$，结束；

（3）把 $\sum_{i-1}$ 拆分成（f_h，$\vec{\mu}_{i-1}$，$\vec{\alpha}_{i-1}$，sig_{i-1}，e_{i-1}，$h_{i-1,1}$，$h_{i-1,2}$，$h'_{i-1,1}$，$h'_{i-1,2}$），其中，f_h 为陷门函数，$h_{i-1,1}$，$h_{i-1,2}$，$h'_{i-1,1}$，$h'_{i-1,2}$ 是四个哈希值；

（4）如果 **CB-SAggVerify**（$\sum_{i-1}$）==（⊥，⊥），则结束；

（5）计算（α_i，β_i）$\leftarrow\mathrm{enc}_{\mathrm{f}_h}$（$\sigma_{i-1}$）；

（6）设置 $\vec{\alpha}_i=\vec{\alpha}_{i-1}\mid\alpha_i$；

（7）计算

$$h_{i,1}=h_{i-1,1}\oplus H_{11}(\mathrm{f}_h,\vec{\mu}_i,\vec{\alpha}_{i-1},sig_{i-1}),$$

$$h_{i,2}=h_{i-1,2}\oplus H_{12}(\mathrm{f}_h,\vec{\mu}_i,\vec{\alpha}_{i-1},sig_{i-1}),$$

$$h'_{i,1}=h'_{i-1,1}\oplus H'_{11}(\mathrm{f}_h,\vec{\mu}_i,\vec{\alpha}_{i-1},sig_{i-1}),$$

$$h'_{i,2}=h'_{i-1,2}\oplus H'_{12}(\mathrm{f}_h,\vec{\mu}_i,\vec{\alpha}_{i-1},sig_{i-1});$$

（8）计算 $g_{i,1}\leftarrow G_{\mathrm{f}_h}$（$h_{i,1}$），$g_{i,2}\leftarrow G_{\mathrm{f}_h}$（$h_{i,2}$），$g'_{i,1}\leftarrow G_{\mathrm{f}_h}$（$h'_{i,1}$），$g'_{i,2}\leftarrow G_{\mathrm{f}_h}$（$h'_{i,2}$）；

（9）计算

$$y_i=\begin{bmatrix}y_{i,1}=g_{i,1}+\beta_i\\y_{i,2}=g_{i,2}+\beta_i\end{bmatrix},y'_i=\begin{bmatrix}y'_{i,1}=g'_{i,1}+\beta_i\\y'_{i,2}=g'_{i,2}+\beta_i\end{bmatrix};$$

（10）计算

$$e_i=H_1(\begin{bmatrix}y_{i,1}+y_{i,2}*h\\y'_{i,1}+y'_{i,2}*h\end{bmatrix},\mu_i);$$

（11）计算

$$sig_i=\begin{bmatrix} sig_{i,1} \\ sig'_{i,1} \end{bmatrix}=\begin{bmatrix} z_{i,1} \\ z_{i,2} \\ z'_{i,1} \\ z'_{i,2} \end{bmatrix}=\begin{bmatrix} s_{i,1} \\ s_{i,2} \\ s'_{i,1} \\ s'_{i,2} \end{bmatrix}*e_i+\begin{bmatrix} y_{i,1} \\ y_{i,2} \\ y'_{i,1} \\ y'_{i,2} \end{bmatrix};$$

（12）以概率 $\min(1,\frac{D_{\mathbb{Z}^n,\sigma}(\sigma_i)}{MD_{\mathbb{Z}^n,\sigma,s_ie_i}(\sigma_i)})$ 输出 $\sum_i \leftarrow (\mathrm{f}_h,\vec{\mu}_i,\vec{\alpha}_i,sig_i,e_i,h_{i,1},h_{i,2},h'_{i,1},h'_{i,2})$。若没有输出，重复以上步骤。

CB-SAggVerify。输入 $\sum_k$，算法运行如下：

（1）将 $\sum_k$ 拆分成 $(\mathrm{f}_h,\vec{\mu}_k,\vec{\alpha}_k,sig_k,e_k,h_{k,1},h_{k,2},h'_{k,1},h'_{k,2})$；

（2）对于 $i=k\rightarrow 1$，执行：

（3）如果 $\log_2(R')\leqslant l$ 或者 $sig_{i,1},sig'_{i,1}\notin R''^2$；

（4）返回（⊥，⊥），并结束；

（5）否则，计算 $g_{i,1}\leftarrow G_{\mathrm{f}_h}(h_{i,1})$，$g_{i2}\leftarrow G_{\mathrm{f}_h}(h_{i,2})$，$g'_{i,1}\leftarrow G_{\mathrm{f}_h}(h'_{i,1})$，$g'_{i,2}\leftarrow G_{\mathrm{f}_h}(h'_{i,2})$；

（6）计算 $\beta_i=\lceil \mathrm{f}_h(sig_{i,1})-H(id_i)*e_i-(g_{i,1}+g_{i,2}*h)\rfloor/(1+h)$；

（7）计算 $sig_{i-1}\leftarrow \mathrm{dec}_{\mathrm{f}_h}(\alpha_i,\beta_i)$；

（8）计算

$$h_{i-1,1}=h_{i,1}\oplus H_{11}(\mathrm{f}_h,\vec{\mu}_i,\vec{\alpha}_{i-1},sig_{i-1}),$$
$$h_{i-1,2}=h_{i,2}\oplus H_{12}(\mathrm{f}_h,\vec{\mu}_i,\vec{\alpha}_{i-1},sig_{i-1}),$$
$$h'_{i-1,1}=h'_{i,1}\oplus H'_{11}(\mathrm{f}_h,\vec{\mu}_i,\vec{\alpha}_{i-1},sig_{i-1}),$$
$$h'_{i-1,2}=h'_{i,2}\oplus H'_{12}(\mathrm{f}_h,\vec{\mu}_i,\vec{\alpha}_{i-1},sig_{i-1});$$

（9）如果 $\sum_0=(\varepsilon,\varepsilon,\varepsilon,0^n)$，那么：

（10）返回 $(\mathrm{f}_h,\vec{\mu}_k)$；

（11）否则，返回（⊥，⊥）。

定理 8.3 以上构造的 NTRU 格上的基于证书的序列聚合签名方案满足正确性。

证明：由签名阶段 **CB-SAggSign** 可知：

$$\begin{bmatrix} f_h(sig_{i,1}) \\ f_h(sig'_{i,1}) \end{bmatrix} - \begin{bmatrix} H(id_i) \\ pk_i \end{bmatrix} * e_i$$

$$= \begin{bmatrix} z_{i,1}+z_{i,2} * h \\ z'_{i,1}+z'_{i,2} * h \end{bmatrix} - \begin{bmatrix} H(id_i) \\ pk_i \end{bmatrix} * e_i$$

$$= \begin{bmatrix} (y_{i,1}+s_{i,1} * e_i)+(y_{i,2}+s_{i,2} * e_i) * h \\ (y'_{i,1}+s'_{i,1} * e_i)+(y'_{i,2}+s'_{i,2} * e_i) * h \end{bmatrix} - \begin{bmatrix} H(id_i) \\ pk_i \end{bmatrix} * e_i$$

$$= \begin{bmatrix} y_{i,1} \\ y'_{i,1} \end{bmatrix} + \begin{bmatrix} s_{i,1} \\ s'_{i,1} \end{bmatrix} * e_i + \left[\begin{bmatrix} y_{i,2} \\ y'_{i,2} \end{bmatrix} + \begin{bmatrix} s_{i,2} \\ s'_{i,2} \end{bmatrix} * e_i \right] * h - \left[\begin{bmatrix} s_{i,1} \\ s'_{i,1} \end{bmatrix} + \begin{bmatrix} s_{i,2} \\ s'_{i,2} \end{bmatrix} * h \right] * e_i$$

$$= \begin{bmatrix} y_{i,1}+y_{i,2} * h \\ y'_{i,1}+y'_{i,2} * h \end{bmatrix} \tag{8-3}$$

所以，有以下等式成立：

$$\begin{aligned} & \beta_i+\beta_i * h \\ & =(y_{i,1}-g_{i,1})+(y_{i,2}-g_{i,2}) * h \\ & =(y_{i,1}+y_{i,2} * h)-(g_{i,1}+g_{i,2} * h) \\ & =\beta_i(1+h) \end{aligned} \tag{8-4}$$

故而，$\beta_i = [f_h(sig_{i,1}) - H(id_i) * e_i - (g_{i,1}+g_{i,2} * h)] / (1+h)$ 也必然成立。因而，**CL-SAggVerify** 验证能顺利进行，也就是说签名满足正确性。

8.4.2 安全性分析

定理 8.4 假定 NTRU 格上的 SIS 问题在多项式时间算法攻击下是困难的，则以上 NTRU 格上的基于证书的有序聚合签名方案在随机预言机模型下是存在性不可伪造的。

证明：本节提出的基于证书的签名方案可由 8.2.1 小节的无证书签名方案直接转换得到。根据 Wu[110] 等的结论，如果原始的无证书签名方案对强的敌手是存在性不可伪造的，那么转换得到的基于证书的签名方案在随机预言机模型下对强敌手也是存在性不可伪造的。因而，假设 NTRU 格上的 SIS 问题在多项式时间算法攻击下是困难的，可得本节 NTRU 格上的基于证书的有序聚合签名方案在随机预言机模型下对强敌手是存在性不可伪造的。

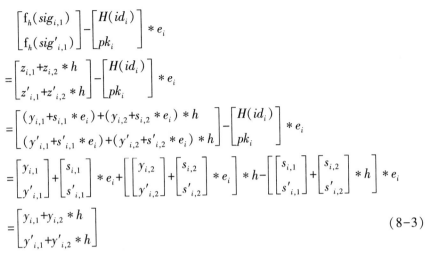

8.5 小结

本章我们首先介绍了无证书有序集合签名的发展历程，紧接着给出无证书有序聚合签名的定义以及安全性模型。其次我们提出了 NTRU 格上的无证书有序聚合签名方案，并证明它在随机预言机模型下对强敌手是存在性不可伪造的。最后我们根据无证书签名方案与基于证书签名方案之间的关系，构造了 NTRU 格上的基于证书的有序聚合签名方案，并证明了其安全性。

参考文献

[1] Diffie W, Hellman M E. New directions in cryptography [J]. IEEE Transactions on Information Theory, 1976, 22 (6): 644-654.

[2] Rivest R L, Shamir A, Adleman L. A method for obtaining digital signatures and public-key cryptosystems [J]. Communications of the ACM, 1978, 21 (2): 120-126.

[3] Shor P W. Polynomial time algorithms for prime factorization and discrete logarithms on a quantum computer [J]. Society for Industrial and Applied Mathematics Journal on Computing, 1997, 26 (5): 1484-1509.

[4] Merkle R C. Protocols for public key cryptosystems: Proceedings of the 1980 IEEE symposium on security and privacy, Oakland, California, USA, April 14-16 [C]. IEEE Press, 1980: 122-134.

[5] Mceliece R J. A public-key cryptosystem based on algebraic coding theory [R]. Technical Report, Jet Propulsion Lab Deep Space Network Progress Report, 1978: 114-116.

[6] Ludwig C. A faster lattice reduction method using quantum search: Proceedings of the 14th international symposium on algorithms and computation (ISAAC 2003), Kyoto, Japan, December 15-17 [C]. Berlin: Springer, Heidelberg, 2003 (LNCS2906): 199-208.

[7] Micciancio D, Regev O. Lattice-based cryptography [C] //Bernstein D J, Buchmann J, Dahmen E. Post-quantum cryptography. Berlin: Springer, Heidelberg, 2003: 147-191.

[8] Ajtai M. Gennerating hard instances of lattice problems: Proceedings of STOC 1996, Philadelphia, Pennsylvania, USA, May 22-24 [C]. New York: ACM Press, 1996: 99-108.

[9] Goldreich O, Goldwasser S, Halevi S. Public-key cryptosystems from

lattice reduction problems: Proceedings of CRYPTO 1997, Santa Barbara, California, USA, August 17 - 21 [C]. Berlin: Springer, Heidelberg, 1997 (LNCS1294): 112-131.

[10] Hoffstein J, Pipher J, Silverman J H. NTRU: A ring-based public key cryptosystem: Proceedings of the third international symposiun (ANTS-Ⅲ), Portland, Oregon, USA, June 21 - 25 [C]. Berlin: Springer, Heidelberg, 1998 (LNCS1423): 267-288.

[11] Nguyen P Q, Regev O. Learning a parallelepiped: Cryptanalysis of GGH and NTRU signatures: Proceedings of EUROCRYPT 2006, St. Petersburg, Russia, May 28-June 1 [C]. Berlin: Springer, Heidelberg, 2006 (LNCS4004): 271-288.

[12] Lyubashevsky V, Micciancio D. Asymptotically efficient lattice-based digital signatures: Proceedings of TCC 2008, New York, USA, March 19-21 [C]. Berlin: Springer, Heidelberg, 2008 (LNCS4948): 37-54.

[13] Gentiy C, Peikert C, Vaikuntanathan V. Trapdoors for hard lattices and new cryptographic constructions: Proceedings of STOC 2008, Victoria, British Columbia, Canada, May 17-20 [C]. New York: ACM Press, 2008: 197-206.

[14] Cash D, Hofheinz D, Kiltz E, et al. Bonsai trees, or how to delegate a lattice basis: Proceedings of EUROCRYPT 2010, French Riviera, May 30-June 3 [C]. Berlin: Springer, Heidelberg, 2010 (LNCS6110): 523-552.

[15] Boyen X. Lattice mixing and vanishing trapdoors: A framework for fully secure short signatures and more: Proceedings of PKC 2010, Paris, France, May 26-28 [C]. Berlin: Springer, Heidelberg, 2010 (LNCS6056): 499-517.

[16] Rückert M. Strongly unforgeable signatures and hierarchical identity-based signatures from lattices without random oracles: Proceedings of International Conference on Post-Quantum Cryptography 2010, Darmstadt, Germany, May 25-28 [C]. Berlin: Springer, Heidelberg, 2010 (LNCS6061): 182-200.

[17] Lyubashevsky V. Lattice signatures without trapdoors: Proceedings of EUROCRYPT 2012, Cambridge, UK, April 15 - 19 [C]. Berlin: Springer, Heidelberg, 2012 (LNCS7237): 738-755.

[18] Ducas L, Durmus A, Lepoint T, et al. Lattice signatures and bimodal gaussians: Proceedings of CRYPTO 2013, Santa Barbara, CA, USA, August 18 - 22 [C]. Berlin: Springer, Heidelberg, 2013 (LNCS8042):

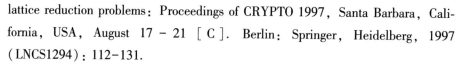

40-56.

[19] Agrawal S, Boneh D, Boyen X. Efficient lattice (H) IBE in the standard model: Proceedings of EUROCRYPT 2010, French Riviera, May 30-June 3 [C]. Berlin: Springer, Heidelberg, 2010 (LNCS6110): 553-572.

[20] Agrawal S, Boneh D, Boyen X. Lattice basis delegation in fixed dimension and shorter-ciphertext hierarchical IBE: Proceedings of CRYPTO 2010, Santa Barbara, CA, USA, August 15-19 [C]. Berlin: Springer, Heidelberg, 2010 (LNCS6223): 98-115.

[21] Gordon S D, Katz J, Vaikuntanathan V. A Group signature scheme from lattice assumptions: Proceedings of ASIACRYPT 2010, Singapore, December 5-9 [C]. Berlin: Springer, Heidelberg, 2010 (LNCS6477): 395-412.

[22] Laguillaumie F, Langlois A, Libert B, et al. Lattice-based group signatures with logarithmic signature size: Proceedings of ASIACRYPT 2013, Bengaluru, India, December 1-5 [C]. Berlin: Springer, Heidelberg, 2013 (LNCS8270): 41-61.

[23] Langlois A, Ling S, Nguyen K, et al. Lattice-based group signature scheme with verifier-local revocation: Proceedings of PKC 2014, Buenos Aires, Argentina, March 26-28 [C]. Berlin: Springer, Heidelberg, 2014 (LNCS 8383): 345-361.

[24] Nguyen P Q, Zhang J, Zhang Z F. Simpler efficient group signatures from lattices: Proceedings of PKC 2015, Gaithersburg, MD, USA, March 30-April 1 [C]. Berlin: Springer, Heidelberg, 2015 (LNCS9020): 401-426.

[25] Libert B, Ling S, Mouhartem F, Nguyen K, Wang H. Signature schemes with efficient protocols and dynamic group signatures from lattice assumptions: Proceedings of ASIACRYPT 2016, Hanoi, Vietnam, December 4-8 [C]. Berlin: Springer, Heidelberg, 2016 (LNCS10032): 373-403.

[26] Libert B, Ling S, Mouhartem F, Nguyen K, Wang H. Zero-knowledge arguments for matrix-vector relations and lattice-based group encryption: Proceedings of ASIACRYPT 2016, Hanoi, Vietnam, December 4-8 [C]. Berlin: Springer, Heidelberg, 2016 (LNCS10032): 101-131.

[27] Ling S, Nguyen K, Wang H X, Xu Y H. Lattice-based group signatures: Achieving full dynamicity (and deniability) with ease [J]. Theoretical

Computer Science, 2019 (783): 71-94.

[28] Lu X Y, Au M H, Zhang Z F. Raptor: A practical lattice-based (Linkable) ring signature: Proceeding of ACNS 2019, Bogotá, Colombia, June 5-7 [C]. Berlin: Springer, Heidelberg, 2016 (LNCS11464): 110-130.

[29] 王凤和，胡予濮，王春晓．格上基于盆景树模型的环签名［J］．电子与信息学报，2010，32（10）：2400-2403.

[30] Wang J, Sun B. Ring signature schemes from lattice basis delegation: Proceedings of ICICS 2011, Beijing, China, November 23-26 [C]. Berlin: Springer, Heidelberg, 2011 (LNCS7043): 15-23.

[31] 田苗苗，黄刘生，杨威．高效的基于格的环签名方案［J］．计算机学报，2012，35（4）：712-718.

[32] Rückert M. Lattice-Based Blind Signatures: Proceedings of ASIACRYPT 2010, Singapore, December 5-9 [C]. Berlin: Springer, Heidelberg, 2010 (LNCS6477): 413-430.

[33] 王凤和，胡予濮，王春晓．基于格的盲签名方案［J］．武汉大学学报（信息科学版），2010，35（5）：550-553.

[34] Alkadri N A, Bansarkhani R, Buchmann J. Blaze: Practical lattice-based blind signatures for privacy-preserving applications [J/OL]. IACR Cryptology ePrint Archive, https: //eprint. iacr. org/2019/1167.

[35] Bouaziz-Ermann S, Canard S, Eberhart G, Kaim G, Roux-Langlois A, Traoré J. Lattice-based (partially) blind signature without restart [EB/OL]. IACR Cryptology ePrint Archive 2020 (2): 2020. [2020-05-39]. https: // eprint. iacr. org/2020/260.

[36] Jiang Y L, Kong F Y, Ju X L. Lattice-based proxy signature: Proceedings of international conference on computational intelligence and security 2010, Nanning, China, December 11-14 [C]. Piscataway, USA: IEEE Press, 2010: 382-385.

[37] 夏峰，杨波，马莎等．基于格的代理签名方案［J］．湖南大学学报（自然科学版），2011，38（6）：84-88.

[38] Wang C X, Qi M N. Lattice-based proxy signature scheme [J]. Journal of Information and Computational Science, 2011, 12 (8): 2451-2458.

[39] Kim K S, Hong D, Jeong I R. Identity-based proxy signature from

lattices [J]. Journal of Communications and Networks, 2013, 15 (1): 1-7.

[40] Wu F G, Yao W, Zhang X, Zheng Z M. An efficient lattice-based proxy signature with message recovery: Proceedings of SpaCCS 2017, Guangzhou, China, December 12 - 15 [C]. Berlin: Springer, Heidelberg, 2017 (LNCS10656): 321-331.

[41] Wu F G, Yao W, Zhang X, Wang W H, Zheng Z M. Identity-based proxy signature over NTRU lattice [J]. International Journal of Communication Systems, 2019, 32 (3): 1-11.

[42] Boneh D, Freeman D M. Linearly homomorphic signatures over binary fields and new tools for lattice-based signatures: Proceedings of PKC 2011, Taormina, Italy, March 6 - 9 [C]. Berlin: Springer, Heidelberg, 2011 (LNCS6571): 1-16.

[43] Boneh D, Freeman D M. Homomorphic signatures for polynomial functions: Proceedings of Eurocrypt 2011, Tallinn, Estonia, May 15 - 19 [C]. Berlin: Springer, Heidelberg, 2011 (LNCS6632): 149-168.

[44] Gorbunov S, Vaikuntanathan V, Wichs D. Leveled fully homomorphic signatures from standard lattices: Proceedings of STOC 2015, Cambridge, MA, USA, June 18-21 [C]. New York: ACM Press, 2015: 469-477.

[45] Tian M M, Huang L S. Certificateless and certificate-based signatures from lattices [J]. Security and Communication Networks, 2015 (8): 1575-1586.

[46] Xu Z Y, He D B, Vijayakumar P, Choo K R, Li L. Efficient NTRU lattice-based certificateless signature scheme for medical cyber-physical systems [J]. Systems-Level Quality Improvement, 2020, 44 (5): 92.

[47] Ajtai M. Generating hard instances of the short basis problem: Proceedings of 26th International Colloquium, ICALP 1999, Prague, Czech Republic, July 11-15 [C]. Berlin: Springer, Heidelberg, 1999 (LNCS1644): 1-9.

[48] Alwen J, Peiker C. Generating shorter bases for hard random lattices [J]. Theory of Computing Systems, 2009, 48 (3): 535-553.

[49] Micciancio D, Peikert C. Trapdoors for lattices: Simpler, tighter, faster, smaller: Proceedings of EUROCRYPT 2012, Cambridge, UK, April 15-19 [C]. Berlin: Springer, Heidelberg, 2012 (LNCS7237): 700-718.

[50] Abe M, Okamoto T. A signature scheme with message recovery as secure as discrete logarithm: Proceedings of ASIACRYPT 1999, Auckland, New Zealand, November 29-December 3 [C]. Berlin: Springer, Heidelberg, 1999 (LNCS1716): 378-389.

[51] Micciancio D, Goldwasser S. Complexity of lattice problems [M]. Boston: Kluwer Academic Publishers, 2002.

[52] Banaszczyk W. New bounds in some transference theorems in the geometry of numbers [J]. Mathematische Annalen, 1993, 296 (4): 625-635.

[53] Cai J Y. A new transference theorem in the geometry of numbers and new bounds for Ajtai's connection factor [J]. Discrete Applied Mathematics, 2003, 126 (1): 9-31.

[54] Aharonov D, Regev O. Lattice problems in NP∩coNP [J]. Journal of the ACM, 2005 (520): 749-765.

[55] Peikert C. Limits on the hardness of lattice problems in ℓp norms [J]. IEEE Conference on Computational Complexity, 2008, 17 (2): 333-346.

[56] Micciancio D, Regev O. Worst-case to average-case reductions based on Gaussian measures [J]. SIAM Journal on Computing, 2007, 37 (10): 267-302.

[57] Regev O. Lattice-based cryptography: Proceedings of CRYPTO 2006, Santa Barbara, California, USA, August 20-24 [C]. Berlin: Springer, Heidelberg, 2006 (LNCS4117): 131-141.

[58] Stehlé D, Steinfeld R. Making NTRU Encrypt and NTRU Sign as secure as standard worst-case problems over ideal lattices [J/OL]. IACR Crypto logy ePrint Archive, 2013.

[59] 王小云，刘明洁．格密码学研究 [J]. 密码学报，2014, 1 (1): 13-27.

[60] Regev O. On Lattices, learning with errors, random linear codes, and cryptography: Proceedings of STOC 2005 [C]. New York, USA: ACM Press, 2005: 84-93.

[61] 王旭阳，胡爱群．格困难问题的复杂度分析 [J]. 密码学报，2015, 2 (1): 1-16.

[62] Shamir A. Identity-based cryptosystems and signature schemes: Pro-

ceedings of CRYPRO 1984, Santa Barbara, California, USA, August 19-22 [C]. Berlin: Springer, Heidelberg, 1984 (LNCS196): 47-53.

[63] Desmedt Y, Quisquater J J. Public-key systems based on the difficulty of Tampering: Proceedings of CRYPTO 1986, Santa Barbara, California, USA [C]. Berlin: Springer, Heidelberg, 1986 (LNCS263): 111-117.

[64] Tanaka H. A realization scheme for the identity-based cryptosystem: Proceedings of CRYPTO 1987, Santa Barbara, California, USA, August 16-20 [C]. Berlin: Springer, Heidelberg, 1987 (LNCS293): 341-349.

[65] Tsuji S, Itoh T. An ID-based cryptosystem based on the discrete logarithm Problem [J]. IEEE Journal on Selected Areas in Communications, 1989, 7 (4): 467-473.

[66] Maurer U M, Yacobi Y. Non-interactive public-key cryptography: Proceedings of EUROCRYPT 1991, Brighton, UK, April 8-11 [C]. Berlin: Springer, Heidelberg, 1991 (LNCS547): 498-507.

[67] Boneh D, Franklin M. Identity based encryption from the weil pairing: Proceedings of CRYPTO 2001, Santa Barbara, California, USA, August 19-23 [C]. Berlin: Springer, Heidelberg, 2001 (LNCS2139): 213-229.

[68] Hess F. Efficient identity based signature schemes based on pairings: Proceedings of SAC 2002, Newfoundland, Canada, August 15-16 [C]. Berlin: Springer, Heidelberg, 20012 (LNCS2595): 310-324.

[69] Barreto P S L M, Libert B, McCullagh N, et al. Efficient and provably-secure identity-based signatures and signcryption from bilinear maps: Proceedings of ASIACRYPT 2005, Chennai, India, December 4-8 [C]. Berlin: Springer, Heidelberg, 2005 (LNCS3788): 515-532.

[70] Paterson K G, Schuldt J C N. Efficient identity-based signatures secure in the standard model: Proceedings of ACISP 2006, Melbourne, Australia, July 3-5 [C]. Berlin: Springer, Heidelberg, 2006 (LNCS4058): 207-222.

[71] Krenn M, Huber M, Fickler R, et al. Generation and confirmation of a (100×100) -dimensional entangled quantum system [J]. Proceedings of the national academy of the United States of America, 2014, 111 (LNCS17): 6243.

[72] Tian M M, Huang L S, Yang W. Efficient hierarchical identity-based signatures from lattices [J]. International Journal of Electronic Security and

Digital Forensics, 2013, 5 (1): 1-10.

[73] Liu Z H, Hu Y P, Zhang X S, et al. Efficient and strongly unforgeable identity-based signature scheme from lattices in the standard model [J]. Security and Communication Networks, 2013, 6 (1): 69-77.

[74] Tian M M, Huang L S. Efficient identity-based signature from lattices: Proceedings of SEC 2014, Marrakech, Morocco, June 2-4 [C]. Berlin: Springer, Heidelberg, 2014 (LNCS428): 321-329.

[75] Bellare M, Neven G. Multi-signatures in the plain public-key model and a general forking lemma: Proceedings of CCS 2006, Alexandria, VA, USA, 30 October -3 November [C]. New York, USA: ACM Press, 2006: 390-399.

[76] Zhang F G, Susilo W, Mu Y. Identity-based partial message recovery signatures (or how to Shorten ID-based signatures): Proceedings of the 9th international conference on financial cryptography and data security (FC 2005), The Commonwealth of Dominica, February 28-March 3 [C]. Berlin: Springer, Heidelberg, 2005 (LNCS3570): 45-56.

[77] 田苗苗. 基于格的数字签名方案研究 [D]. 合肥: 中国科学技术大学博士学位论文, 2014.

[78] Abe M, Ohkubo M, Suzuki K. 1-out-of-n signatures from a variety of keys: Proceedings of ASIACRYPT 2002, Queenstown, New Zealand, December 1-5 [C]. Berlin: Springer, Heidelberg, 2002 (LNCS2501): 415-432.

[79] Bender A, Katz J, Morselli R. Ring signatures: Stronger definitions, and constructions without random oracles: Proceedings of the 3rd theory of cryptography conference, New York, NY, USA, March 4-7 [C]. Berlin: Springer, Heidelberg, 2006 (LNCS3876): 60-79.

[80] Boyen X. Mesh signatures: Proceedings of EUROCRYPT 2007, Barcelona, Spain, May 20-24 [C]. Berlin: Springer, Heidelberg, 2007 (LNCS 4515): 210-227.

[81] Herranz J. , Sáez G. Forking lemmas for ring signature schemes: Proceedings of INDOCRYPT 2003, New Delhi, India, December 8-10 [C]. Berlin: Springer, Heidelberg, 2003 (LNCS2904): 266-279.

[82] Rivest R L, Shamir A, Tauman Y. How to leak a secret: Proceedings

of ASIACRYPT 2001, Gold Coast, Australia, December 9-13 [C]. Berlin: Springer, Heidelberg, 2001 (LNCS2248): 552-565.

[83] Shacham H, Waters B. Efficient ring signatures without random oracles: Proceedings of PKC 2007, Beijing, China, April 16-20 [C]. Berlin: Springer, Heidelberg, 2007 (LNCS4450): 166-180.

[84] Zhang F, Safavi-Naini R, Susilo W. An efficient signature scheme from bilinear pairings and its applications: Proceedings of PKC 2004, Singapore, March 1-4 [C]. Berlin: Springer, Heidelberg, 2004 (LNCS2947): 277-290.

[85] Melchor A C, Bettaieb S, Boyen X, et al. Adapting Lyubashevsky's signature schemes to the ring signature setting: Proceedings of AFRICACRYPT 2013, Cairo, Egypt, June 22-24 [C]. Berlin: Springer, Heidelberg, 2013 (LNCS7918): 1-25.

[86] Wang S P, Zhao R. Lattice-based ring signature scheme under the random oracle model [EB/OL]. [2016-09-12]. http://arxiv.org/abs/1405.3177.

[87] Ducas L, Lyubashevsky V, Prest T. Efficient identity-based encryption over NTRU lattice: Proceedings of ASIACRYPT 2014, Kaoshiung, Taiwan, December 7-11[C]. Berlin: Springer, Heidelberg, 2014(LNCS8874): 22-41.

[88] Maji H, Prabhakaran M, Rosulek M. Attribute-based signature: Achieving attribute privacy and collusion-resistance: Proceedings of the cryptographers' tracks at the RSA conference 2011 (CT-RSA 2011), San Francisco, USA February 14-18 [C]. Berlin: Springer, Heidelberg, 2011 (LNCS 6558): 376-392.

[89] Escala A, Herranz J, Morillo P. Revocable attribute based signatures with adaptive security in the standard model: Proceedings of the 4th international conference on Cryptology in Africa (AFRICACRYPT 2011), Dakar, Senegal, July 5-7 [C]. Berlin: Springer, Heidelberg, 2011 (LNCS6737): 224-241.

[90] Li J, Au M H, Susio W, et al. Attribute-based signature and its applications: Proceedings of the 5th ACM Symposium on information computer and communications security (ASIACCS 2010), Beijing, China, April 13-16 [C]. New York: ACM Press, 2010: 60-69.

[91] Herranz J, Laguillaumie F, Libert B, et al. Short attribute-based sig-

natures for threshold predicates: Proceedings of the cryptolographers's track at the RSA conference 2012 (CT-RSA2012), San Francisco, CA, USA, February 27-March 2 [C]. Berlin: Springer, Heidelberg, 2012 (LNCS-7178): 51-67.

[92] Zeng F G, Xu C X, Li Q Y, et al. Attribute-based signature scheme with constant size signature [J]. Journal of Computational Information Systems, 2012, 8 (7): 2875-2882.

[93] Okamoto T, Takashima K. Efficient attribute based signatures for non-monotone predicates in the standard model: Proceedings of PKC 2011, Taormina, Italy, March 6-9 [C]. Berlin: Springer, Heidelberg, 2011 (LNCS6571): 35-52.

[94] Okamoto T, Takashima K. Decentralized attribute-based signatures: Proceedings of PKC 2013, Nara, Japan, February 26-March 1 [C]. Berlin: Springer, Heidelberg, 2013 (LNCS7778): 125-142.

[95] Li J, Kim K. Hidden attribute-based signatures without anonymity revocation [J]. Information Sciences, 2010, 180 (9): 1681-1689.

[96] Shahandashti S F, Safavi-Naini R. Threshold attribute-based signature and their application to anonymous credential systems: Proceedings of AFRICACRYPT 2009, Gammarth, Tunisia, June 21-25 [C]. Berlin: Springer, Heidelberg, 2009 (LNCS5580): 198-216.

[97] Mao X P, Chen K F, Long Y, et al. Attribute-based signature on lattices [J]. Journal of Shanghai Jiaotong University, 2014, 19 (4): 406-411.

[98] 李明祥，安妮，封二英等．基于格的属性签名方案 [J]. 四川大学学报（工程科学版），2015，47 (2): 102-107.

[99] Zhang Y H, Hu Y P, Jiang M M. An attribute-based signature scheme from lattice assumption [J]. Wuhan University Journal of Natural Sciences, 2015, 20 (3): 207-213.

[100] Li J, Kim K. Attribute-based ring signatures [EB/OL]. [2016-09-12]. https://www.researchgate.net/publication/220334549.

[101] Al-Riyami S S, Paterson K G. Certificateless public key cryptography: Proceedings of ASIACRYPT 2003, Taipei, Taiwan, November 3-December 4 [C]. Berlin: Springer, Heidelberg, 2003 (LNCS2894): 452-473.

[102] Gentry C. Certificate-based encryption and the certificate revocation problem: Proceedings of EUROCRYPT 2003, Warsaw, Poland, May 4-8

[C]. Berlin: Springer, Heidelberg, 2003 (LNCS2656): 272-293.

[103] Huang X Y, Susilo W, Mu Y, et al. On the security of certificateless signature schemes from ASIACRYPT 2003: Proceedings of the 4th International Conference on Cryptology and Network Security (CANS' 05), Xiamen, China, December 14-16 [C]. Berlin: Springer, Heidelberg, 2005 (LNCS 3810): 13-25.

[104] Zhang Z F, Wong D S, Xu J, et al. Certificateless public-key signature: Security model and efficient construction: Proceedings of the 4th International Conference on Applied Cryptography and Network Security (ACNS' 06), Singapore, June 6-9 [C]. Berlin: Springer, Heidelberg, 2006 (LNCS 3989): 293-308.

[105] Huang X Y, Mu Y, Susilo W, et al. Certificateless signature revisited: Proceedings of the 12th Australasian Conference on Information Security and Privacy (ACISP' 07), Townsville, Australia, July 2-4 [C]. Berlin: Springer, Heidelberg, 2007 (LNCS4586): 308-322.

[106] Liu J K, Au M H, Susilo W. Self-generated-certificate public key cryptography and certificateless signature/encryption scheme in the standard model: Proceedings of the 2nd ACM Symposium on Information, Computer and Communications Security (AsiaCCS' 07), Singapore, March 20-22 [C]. New York: ACM Press, 2007: 273-283.

[107] Kang B G, Park J H, Hahn S G. A certificate-based signature scheme: Proceedings of Cryptology—CT-RSA 2004, San Francisco, CA, USA, February 23-27 [C]. Berlin: Springer, Heidelberg, 2004 (LNCS 2964): 99-111.

[108] Li J G, Huang X Y, Mu Y, et al. Certificate-based signature: Security model and efficient construction: Proceedings of the 4th European public key infrastructure workshop (EuroPKI' 07), Palma de Mallorca, Spain, June 28-30 [C]. Berlin: Springer, Heidelberg, 2007 (LNCS4582): 110-125.

[109] Liu J K, Baek J, Susilo W, et al. Certificate-based signature schemes without pairings or random oracles: Proceedings of the 11th Information Security Conference (ISC'08), Taipei, Taiwan, September 15-18 [C]. Berlin: Springer, Heidelberg, 2008 (LNCS5222): 285-297.

[110] Wu W, Mu Y, Susilo W, et al. Certificate-based signatures revisited [J]. Journal of Universal Computer Science, 2009, 15 (8): 1659-1684.

[111] Mambo M, Usuda K, Okamoto E. Proxy signature: Delegation of the power to sign messages [J]. IEICE Trans on Fundamentals, 1996 (9): 1338-1353.

[112] Li L H, Tzeng S F, Hwang M S. Generalization of proxy signature-based on discrete logarithms [J]. Computers and Security, 2003, 22 (3): 245-255.

[113] Hwang S, Chen C. Cryptanalysis of nonrepudiable threshold proxy signature schemes with known signers [J]. Informatica, 2003, 14 (2): 205-212.

[114] Shao Z. Proxy signature schemes based on factoring [J]. Information Processing Letters, 2003, 85 (3): 137-143.

[115] Zhou Y, Cao Z, Lu R. Provably secure proxy-protected signature schemes based on factoring [J]. Applied Mathematics Computation, 2005, 164 (1): 83-98.

[116] Zhang F G, Safavi-naini R, Lin C Y. Some new proxy signature schemes from pairings: Progress on Cryptography: 25 Years of Cryptography in China [M]. Shanghai: Shanghai Jiaotong University Press, 2004: 59-66.

[117] Awasthi A K, Lal S. A new proxy ring signature scheme: Proceedings of RMS 2004 [C]. Agra, India, 2004: 29-33.

[118] Cheng W Q, Lang W M, Yang Z K, et al. An identity-based proxy ring signature scheme from bilinear pairings: Proceedings of the ISCC 2004, Alexandria, Egypt, June 28 - July 1 [C]. Washington DC: IEEE Computer Society Press, 2004: 424-429.

[119] Li J, Chen X F, Tsz H Y, et al. Proxy ring signature: Formal definitions, efficient construction and new variant: Proceedings of international conference on computational intelligence and security 2006, Guangzhou, China, November 3 - 6 [C]. Berlin: Springer, Heidelberg, 2006 (LNCS 4456): 545-555.

[120] 禹勇，杨波，李发根等．一个有效的代理环签名方案 [J]. 北京邮电大学学报，2007，30 (3)：23-26.

[121] Amit K, Sunder L. ID-based ring signature and proxy ring signature

schemes from bilinear pairings [J]. Internal Journal of Network Security, 2007, 4 (2): 187-192.

[122] 江明明，胡予濮，王保仓等. 格上基于身份的单向代理重签名[J]. 电子与信息学报，2014，36 (3): 645-649.

[123] Boneh D, Gentry V, Lynn B, et al. Aggregate and verifiably encrypted signatures from bilinear maps: Proceedings of EUROCRYPT 2003, Warsaw, Poland, May 4-8 [C]. Berlin: Springer, Heidelberg, 2006 (LNCS 2656): 416-432.

[124] Lysyanskaya A, Micali S, Reyzin V, et al. Sequential aggregate signatures from trapdoor permutations: Proceedings of EUROCRYPT 2004, Interlaken, Switzerland, May 2-6 [C]. Berlin: Springer, Heidelberg, 2006 (LNCS3027): 74-90.

[125] Gong Z, Long Y, Hong X K, et al. Practical certificateless aggregate signatures from bilinear maps [J]. Journal of Information Science and Engineering, 2010, 26 (6): 2093-2106.

[126] Zhang L, Zhang F T. A new certificateless aggregate signature scheme [J]. Computer Communications, 2009 (32): 1079-1085.

[127] Zhang L, Qin B, Wu Q H, et al. Efficient many-to-one authentication with certificateless aggregate signatures [J]. Computer Networks, 2010, 54 (14): 2482-2491.

[128] Chen H, Song W G, Zhao B. Certificateless aggregate signature scheme: Proceedings of the 2010 International Conference on E-Business and E-Government (ICEE), Guangzhou, China, May 7-9 [C]. Piscataway, USA: IEEE Press, 2010: 3790-3793.

[129] 陆海军，于秀源，谢琪. 可证安全的常数长度无证书聚合签名方案 [J]. 上海交通大学学报，2012，46 (2): 259-263.

附录 1　符号对照表

符号	符号名称
$\mathbb{Z}$	整数集
$\mathbb{R}$	实数集
$\mathbb{R}^+$	正实数集
$\mathbb{Z}_q$	模 q 的剩余类环
R	模 x^n+1 的剩余类环
$R^{\times}$	环 R 中可逆多项式的集合
R_q	模 q 和 x^n+1 的剩余类环
I_n	n 级单位矩阵
O_n	n 级零矩阵
$\mathrm{negl}(n)$	关于 n 的可忽略函数
$\mathrm{poly}(n)$	关于 n 的多项式函数
$\log n$	以 2 为底的 n 的对数
$\Pr[A]$	事件 A 发生的概率
$\boldsymbol{a}$	列向量 $\boldsymbol{a}$
$\boldsymbol{a}^T$	列向量 $\boldsymbol{a}$ 的转置
$\boldsymbol{A}$	矩阵 $\boldsymbol{A}$
$\tilde{\boldsymbol{A}}$	矩阵 $\boldsymbol{A}$ 经施密特正交化后的矩阵
$\lVert\boldsymbol{a}\rVert$	列向量 $\boldsymbol{a}$ 的欧几里得范数
$<\boldsymbol{a},\boldsymbol{b}>$	列向量 $\boldsymbol{a}$ 和 $\boldsymbol{b}$ 的内积
$\boldsymbol{a}\otimes\boldsymbol{b}$	列向量 $\boldsymbol{a}$ 和 $\boldsymbol{b}$ 的张量积

续表

符号	符号名称
$[\boldsymbol{a} \mid \boldsymbol{b}]$	列向量 $\boldsymbol{a}$ 和 $\boldsymbol{b}$ 的级联
$[\boldsymbol{a}^{\mathrm{T}}, \boldsymbol{b}^{\mathrm{T}}]$	行向量 $\boldsymbol{a}^{\mathrm{T}}$ 和 $\boldsymbol{b}^{\mathrm{T}}$ 的串联
a	多项式 a，字符串 a 或者标量 a
(a)	多项式 a 对应的行向量
(a, b)	行向量（$\boldsymbol{a}$）和（$\boldsymbol{b}$）的串联
$\|a\|$	字符串 a 的比特长度或者标量 a 的绝对值
$a \mid b$	字符串 a 和 b 的串联
a^{l}	字符串 a 的前 l 比特
a_{l}	字符串 a 的后 l 比特
Λ	格 Λ
$D_{\Lambda,\boldsymbol{c},s}$	格 Λ 上以向量 $\boldsymbol{c}$ 为中心，以 s 为偏差的高斯分布
$\forall$	任意
$\exists$	存在
$[x]$	集合 $\{0, 1, \cdots, x\}$，此时 x 为整数
$[x]_{p}$	$x \bmod p$ 取余数
$\lfloor x \rfloor$	对实数 x 下取整运算
$\lceil x \rceil$	对实数 x 上取整运算
$\lfloor x \rceil$	对实数 x 最近取整运算

附录 2　缩略语对照表

缩略语	英文全称	中文对照
PPT	Probability Polynomial Time	概率多项式时间
SVP	Shortest Vector Problem	最短向量问题
CVP	Closer Vector Problem	最近向量问题
SIS	Small Integer Solution	小整数解问题
R-SIS	Ring Small Integer Solution	环上的小整数解问题
ISIS	Inhomogeneous Small Integer Solution	非齐次小整数解问题
LWE	Learning With Error	带误差的学习问题
D-LWE	Decisional Learning With Error	判定性的带误差的学习问题